优客讲堂创新创业系列丛书
高等院校创新创业教育规划教材

创新创业实战教程
——内生创业进阶

丛书总主编 毛大庆
主　编 王　滨　韩晨光　褚　萍
副主编 张　鹏　艾顺刚　张　亮
参　编 刘　翌　安　民　苏彩云

机械工业出版社

本书以全新的视角提出内生创业的概念,全书由七章构成:第一章探讨内生创业的概念、意义以及途径;第二章探讨创新选题的方法,引导内生创业者选择有创新性的课题和项目;第三章探讨分析问题的方法,即进一步对选题进行分析,确定要解决的问题和解题方向;第四章探讨解决问题的方法,主要介绍以TRIZ、SIT方法为核心的解决问题工具;第五章探讨如何筹划创业行动,主要介绍创业团队和内部资源、外部资源的挖掘;第六章探讨如何开展创业行动,介绍从打造产品到市场开发的全过程;第七章探讨初创企业的成长与持续创新。

本书的特色在于:①提出了内生创业的概念、新思维和新方法;②强调创新与创业的结合,全面介绍创新思维和创新方法,并将其融入创业过程;③突出实战和进阶的特点,本书在体系结构上进行了创新,由导读、基本理论、案例分析、联系与应用、总结与反思等部分构成,充分展现了实践进阶的特点和学习与实用相结合的特点,特别强调精讲理论、突出实践的理念;④书中的案例全部是作者现场采访和深入企业研究总结的第一手材料,克服了以往创业书籍多利用二手案例的不足;⑤按照思想操作和实际操作流程展开章节,使内生创业流程具有较强的可操作性,也使本书成为创业者的使用手册和指导书。

本书可作为本科院校和职业院校创业教育课程的教学用书,也可作为创业者的培训指导用书。

图书在版编目(CIP)数据

创新创业实战教程:内生创业进阶/王滨,韩晨光,褚萍主编.
—北京:机械工业出版社,2019.10(2024.10重印)
(优客讲堂创新创业系列丛书)
高等院校创新创业教育规划教材
ISBN 978-7-111-64073-8

Ⅰ.①创… Ⅱ.①王… ②韩… ③褚… Ⅲ.①大学生-创业-高等学校-教材 Ⅳ.①G647.38

中国版本图书馆 CIP 数据核字(2019)第 230300 号

机械工业出版社(北京市百万庄大街22号 邮政编码100037)
策划编辑:裴 泱　　　　责任编辑:裴 泱 何 洋
责任校对:宋逍兰　　　　封面设计:张 静
责任印制:孙 炜
保定市中画美凯印刷有限公司印刷
2024年10月第1版第4次印刷
184mm×260mm・14.75印张・247千字
标准书号:ISBN 978-7-111-64073-8
定价:39.80元

电话服务　　　　　　　　　　网络服务
客服电话:010-88361066　　　机 工 官 网:www.cmpbook.com
　　　　　010-88379833　　　机 工 官 博:weibo.com/cmp1952
　　　　　010-68326294　　　金 书 网:www.golden-book.com
封底无防伪标均为盗版　　　　机工教育服务网:www.cmpedu.com

前　言

爱尔兰著名诗人叶芝（Yeats）曾说过："教育不是注满一桶水，而是点燃一把火。"用这句话来诠释今天的创新创业教育再合适不过了。今天的创新创业教育如何进行？它不应该只是灌输知识，而应该去点燃学生创新创业的星星之火。

长久以来，国际社会一直重视创业教育对人和社会成长进步的积极作用。1995 年，联合国教科文组织发布了《关于高等教育的变革与发展的政策》，指出在"学位不等于工作"的时代，社会更需要高校毕业生不仅是现有职位的求职者，更应该是新工作岗位的创造者。1998 年 10 月，联合国教科文组织发布了《21 世纪的高等教育》，在这份宣言中提出："为方便毕业生就业，高等教育更应关心培养创业的技能和精神。"宣言同时还提出："创业教育，从广义上来说是指培养具有开创性的个人。它对于拿薪水的人同样重要，因为用人机构或个人除了要求受雇者在事业上有所成就外，正在越来越重视受雇者的首创精神、冒险精神，创业能力和独立工作能力，以及技术、社交、管理技能。"

在一个"学位＝工作"这一公式已不再适用的时代，高等教育培养的毕业生还应该是成功的企业家和就业岗位的创造者。1989 年联合国教科文组织在北京召开的"面向 21 世纪教育国际研讨会"上，"创业教育"（Entrepreneurship Education）被首次提出。在这次会议报告中阐述的"21 世纪的教育哲学"中把创业教育、专业教育（学术性）和职业教育（职业性）列为 21 世纪教育的三个方向。这为我国的教育工作者上了第一堂"创业教育"启蒙课程。事业心和开拓教育的概念，强调教育要培养学生开拓事业的精神与能力。

创业的核心是创新。创业是生活，不是生意，社会责任是创业的伟大使命。高校创业教育绝不是简单开设几门与创业相关的课程，更不是专注于培养"大学生老板、企业家"的商业教育或创业培训，而是站在人发展的起点，着眼于大学生综合素质的培养，在高校整个人才培养体系的框架内思考创业教育，并求得创业教育目标结果的发展和分步实现。作为一种国际化的教育理念和教育发展趋势，创业教育顺应了时代发展的要求，符合国家战略经济结构调整和个人发展的需要。

我们之所以提出内生创业，就是因为我们认识到，创业不仅需要对世界的认知，更需要对自我的认知，需要对自我内部潜力的认知和挖掘。如果你认识到自己不是一个创业者，那么这也是创业教育的成功。创业不是培养"企业家"，而是培养"有创业思维的人"，只有这样才能适应未来的不确定性，才能面对未来职业压力带来的挑战。所以，创业教育的目的之一是培养人的认知和创新思维，进而培养人的创业思维、创业意识和创业能力，激发内在动力。正如爱因斯坦所说："想象力比知识更重要，因为知识是有限的，而想象力概括了世界上的一切，推动着社会进步，并且是知识进化的源泉。"

什么是"有创业思维的人"？创业思维是：①当你遇到问题时，你总能换个角度来面对它，将它看成一种机会，一种可以带来改变的机会，并且为其找到解决方案。②不是总等到一切就绪了，才开始做一件事情，而是从自己是谁、自己手上拥有什么资源出发，立刻开始做一件事情，并且关注这件事情如何做得持久，是不是可以带来改变和影响。③习惯世界上有很多偶然的、突发的和不可预见的因素，可以面对不确定环境和问题进行决策。④遇到问题去寻找资源与创新，变不可能为可能，进行这样的思考。⑤开创事业思维。创业教育倡导事业的开创性，有热情和激情去做，一切皆有可能。

本书的写作背景是基于近年来有关创业的书籍和教材出版得越来越多，但更多的是强调外生创业，将创业孤立于创新之外，孤立于创新方法之外，甚至孤立于具体创业实践之外。写作本书就是为了紧跟新时代发展的脉搏，弥补上述书籍或教材的不足。

全书由七章构成：第一章探讨内生创业的概念、意义以及途径；第二章探讨创新选题的方法，引导内生创业者选择有创新性的课题和项目；第三章探讨分析问题的方法，即进一步对选题进行分析，确定要解决的问题和解题方向；第四章探讨解决问题的方法，主要介绍以TRIZ、SIT方法为核心的解决问题工具；第五章探讨如何筹划创业行动，主要介绍创业团队和内部资源、外部资源的挖掘；第六章探讨如何开展创业行动，介绍从打造产品到市场开发的全过程；第七章探讨初创企业的成长与持续创新。

本书特色在于：①提出了内生创业的概念、新思维和新方法。②将创新与创业紧密结合，全面介绍创新思维和创新方法，并将其有机融入创业过程。③对内容体系结构进行了创新，独创性地提出了四步学习法，突出实战和进阶。本书的每节都按照四步学习法来进行，即基本理论——案例分析——练习与应用——总结与反思，充分体现了实践进阶的特点和学习与实用相结合的特点，特别强调精讲理论、突出实践的理念。④书中的案例全部是作者现场采访和深入企业后研究总结的第一手材料。⑤按照实际操作流程展开章节，使内生创业流程具有较强的可操作性，也使本书能够成为创业者的使用手册和指导书。

本书写作历经两年，是集体智慧的结晶。编写分工如下：王滨编写第一、二、三章；王滨、张亮编写第四章；韩晨光、王滨编写第五章；褚萍编写第六章；韩晨光编写第七章。其中，韩晨光撰写和整理了各章案例，王滨通读和审阅了全部书稿。在写作和案例调研中，得到了优客工场毛大庆董事长，优客工场首席创新官、优客讲堂执行校长张鹏的大力支持和指导，同时在此一并感谢接受我们案例采访的优秀创业企业家给予的支持，他们是：蓝箭航天创始人张昌武、VIPkid战略总顾问汤语川、火山映画联合创始人徐慎君、喵印云打印创始人胡清臣、果壳网联合创始人刘旸、小欧鲜氧创始人周大凯、米粒科技联合创始人陈寅、企业盒子创始人范宇、活动行创始人谢耀辉、戏精学院创始人朱子龙、爱芽创始人苗得雨、泛优咨询创始人张美吉、OFO联合创始人张巳丁、知呱呱创始人严长春、亿欧公司总裁王彬、睿问CEO兼联合创始人邱玉梅。写作中参阅了大量文献资料，在此特向各位作者深深致谢！

由于水平和时间仓促等原因，书中的内容和观点难免有疏忽和不完善之处，敬请读者批判指正和谅解，以期不断提高。

作 者

目 录

前 言

第一章 导论——"内生创业"在路上 …………………………… 001

第二章 内生创业——创新创业新动力 …………………………… 013
 第一节 内生创业需要改变你的思维 …………………………… 014
 第二节 创新创业者的内在素质 …………………………… 027
 第三节 把自己锻炼成内生创业者 …………………………… 037

第三章 重要的是发现问题 …………………………… 049
 第一节 创新创业的起点是问题 …………………………… 050
 第二节 发现问题的方法与工具 …………………………… 062
 第三节 如何寻找"风口"——发掘、评估创业机会 ………… 078

第四章 产生创造性解决方案 …………………………… 085
 第一节 创造性解决问题的传统技法 …………………………… 086
 第二节 当代创造性解题方法——升级"脑件" ……………… 095
 第三节 撰写一份有实效的商业计划书 …………………………… 108

第五章 准备出发——筹划创业行动 …………………………… 119
 第一节 组建团队 …………………………… 120
 第二节 内生创业资源的开发 …………………………… 127
 第三节 商业模式设计与创新 …………………………… 140

第六章　在路上——开展创业行动　…………………………………… 155
　　第一节　打造一款产品或服务　……………………………………… 156
　　第二节　寻找天使用户　……………………………………………… 166
　　第三节　市场开发与产品迭代　……………………………………… 177

第七章　创业项目的内生式可持续发展　…………………………… 191
　　第一节　初创企业的管理　…………………………………………… 192
　　第二节　保持组织的持续创新　……………………………………… 204
　　第三节　初创企业的内部创业　……………………………………… 216

参考文献　………………………………………………………………… 227

第一章
导论——"内生创业"在路上

> **导　语**
>
> 距离已经消失，要么创新，要么死亡。　　　　　　　　——托马斯·彼得斯
>
> 领袖和跟风者的区别就在于创新。　　　　　　　　　　—— 史蒂夫·乔布斯

Step1：基本理论

1. 内生创业——创业新思维与新模式

1978 年，我国开启了波澜壮阔的改革开放进程，之后我国社会在不同的发展背景下，先后经历了六次创业浪潮。而始于 2014 年的"大众创业、万众创新"背景下的创业大潮，更是在深度、广度和强度上均超越以往。这次创业大潮正值我国经济处于转型升级、调整结构的关键时期。以往靠物质资本投入、基础设施建设、土地批租和房地产开发、资源粗放开发等方式形成的发展模式和发展动力，虽然刺激了 GDP 的飞速增长，但也导致了环境污染、生态破坏、资源浪费、核心技术受制于人等一系列问题。在新时代，我国经济发展的首要目标是实现可持续发展，打造新引擎、切换新动力。因此，新的创新创业浪潮必将释放出全民的创造力，在我国改革发展的道路上树立起新的里程碑。

创业有狭义和广义之分。狭义的创业是指个人或团队自主创办企业。实现谋划、创建和运营企业的过程。广义的创业是指所有具有开拓性和创新性特征、能够增进经济价值或社会价值的活动。也就是说，创业不仅仅是"开公司，经营企业"，而是开创新的事业。它实际上是一种人生态度、一种奋进的精神。只要有了这样一种精神，在

任何环境条件状况下，通过众多可能的尝试，你总能在这个世界上闯出一片展现你独特个性、人格、能力和魅力的新空间和新天地。所以，广义创业的意义在于："济天下"——这是创业的社会意义指向；"善其身"——这是创业对创业者自身的意义指向。

然而，以往的创业实践、创业模式以及创业教育更多地偏重于外生创业。所谓外生创业，从创业动机上更多地强调外部环境的刺激、影响和引导，而对内在动机的强调相对弱化；在创业模式上，更倾向于外在的市场导向引导和需求拉动，而缺少内在的科技创新成果的推动；从资源利用上，外生创业更倾向于寻找外部资源，利用外部人才、外部协作、外部资金等，而缺少从内部和人的自身潜力上挖掘人才和潜能，内部创业更强调对内部资源的挖掘和利用。

随着创新创业从1.0升级到2.0，创业也将迎来内生创业的新时代。内生创业从理念上强调由个人和组织内生出大量的创新设想，从而引向创业，即强调创新型创业；从创业动机上更强调内在意愿和内在推动的创业，即以实现创新设想为目的、为行为动力的创业；从资源利用和组织形式上更强调组织内部的创业，更强调创业中以创新和整合的态度利用和挖掘内部资源，即注重团队内部潜力开发与利用基础上的创业实践。

按照是否存在创新以及创新程度的大小，创业可分为以下三种类型或模式：复制型创业、模仿型创业和创新型创业。

复制型创业、模仿型创业是较为传统的模式，也是在近年来的创业实践中被大量应用的两类创业模式，大致属于外生创业。而创新型创业是内生创业的一种重要形式，是指创业者通过技术创新，有了独特的产品和服务，建立新的市场和顾客群，突破传统的经营理念，通过自身的创造性活动引导新市场的开发和形成，通过培育市场来创造商机、不断满足顾客的现有需求并开发其潜在需求，逐步建立起顾客的忠诚度和对企业的依赖。这种创业是为经济社会的全面进步提供巨大原动力的一类创业模式。以上三类创业模式中，创新型创业的创业难度和风险较大，但潜在收益也是最大的。

可以通过比较以下两个创业实例对比加以说明。一名学土木工程专业的在校大学生，他在学习期间突发奇想：能不能有一种"吃进"废弃混凝土和砖瓦等建筑固体废物，而"吐出"再生建筑材料的办法呢？这个大胆的想法是之前没有人提出的，于是他与他的老师一起，开发出了一种针对建筑固体废物进行高效资源化处理的技术，并用这个技术组织自己的学长等人创办公司,开始创业。另一名学交通运输工程专业的在校大学生,看到别人创业也开始心动,于是在校外摆摊卖煎饼果子。请问:这两名学生哪个是内生创业者呢?答案显然是前者。

2. 新时代呼唤内生创业者

如今"创业"一词越来越流行,以至于一个人开个小饭馆,做个小生意,弄个小项目,搞个小工作室等,都能称之为创业。按创业动机,创业可分为生存型创业和机会型创业。生存型创业是指那些由于没有其他就业选择或对其他就业选择不满意而进行的创业。正是出于这个动机,这种创业只能算作外生创业,其创业起点较低。据统计,在我国所有创业活动中,生存型创业所占比重在90%左右。生存型创业项目主要集中在零售、个人服务、餐饮副食、百货等微利行业。

机会型创业是指人们为了追求一个商业机会所从事的创业活动。它是感知到商业机会的创业者自愿进行的创业。虽然创业者还有其他选择,但他们由于个体偏好而选择了创业,更多的是看重这个创业机会。这种创业也有外生创业的影子,除非这个机会是技术创新提供的机会。

随着"大众创业、万众创新"在我国的倡导和普及,越来越多的人开始选择内生创业。这是一种创新型创业,它与传统创业相比,最根本的差异就在于创新。正因为创新,它为市场提供的产品或服务的附加值更高,具有更强的市场成长性;也正因为创新,其创业的风险也更大,特别是技术上的风险;也正因为创新,其创业的动力更足,更容易受到资本的追捧。

创新就是破旧基础上的立新,是指人的创造性劳动及其价值的实现,强调实现价值。它具体包括:科学创新、知识创新、技术创新,管理创新、制度创新、体制创新、发展模式创新,观念创新、思维创新、理论创新,等等。上述创新是广义的和大众语义方面的创新,而在学术上还有一种狭义的创新,主要是指一项发明的首次商业化应用成功。

显然,按照狭义的创新,创新不仅有新设想,更要产生并实现商业价值。早在1912年,著名经济学家约瑟夫·熊彼特(Joseph A. Schumpeter)出版了《经济发展理论》一书,他以"创新"这一概念构建了一种与主流经济学迥异的经济理论。熊彼特认为,所谓创新(Innovation),是生产要素与生产条件的新组合,以此建立一个新的生产函数，目的是获得潜在超额利润。它包括以下五个方面的组合：引入新产品（产品创新）；引入新的生产方式（工艺创新）；开发、利用新材料（要素创新）；开辟新市场（市场创新）；实现生产过程的新组织（组织、管理创新）。

"创新是生产要素的新组合，从而获得更大的超额利润。"这种创新创业观如今已被社会广泛接受。美国的两大IT巨头——苹果与谷歌，都是以强劲的科技创新为重要的推动力，不断吸引着来自全世界的顶尖科技人才。翻阅历史，谷歌上线之初，并没有有效的盈利模式。不过，有价值的产品总是有价值的，几个工程师利用业余时间开发出来的广告系统，让谷歌不到一年实现盈亏平衡，A轮2500万美元融资没有用完，就成功IPO。我们不得不感慨：科技创新对企业的驱动远远比商业模式创新来得更纯粹、力量更大！

早在1943年，我国著名教育家陶行知先生在《新华日报》上发表《创造宣言》，倡言："处处是创造之地，天天是创造之时，人人是创造之人。"陶行知先生阐述了处处事事人人皆可创新的论断。也就是说，创新可以发生在任何领域、任何活动、任何场合中；创新可以来自任何人，不分年龄、职业、性别、专业……从古至今，所谓非专业的外行产生的发明比比皆是，来自中小学生甚至幼儿的发明也不胜枚举，事实不断打破一些人所形成的对创新的种种偏见。也就是说，人人都可以成为内生创业者。

这个世界需要内生创业者，不仅仅是因为这个世界需要创新，需要通过创新产生商业价值，还在于创新创业者的行为和品质决定了创新创业的成败。立足于内在创业动机的创业者、立足于岗位内的创业者、立足于挖掘内部潜力的创业者。最终能够走得更远、更长久。内生创业者从创业之初就将创业作为一种实现人生价值的途径来追求，而不是满足于一般性的就业，这样的追求才是社会所倡导的创业模式。

内生创业的一个典型案例就是企业内部创业。它是由一些有创业意向的企业员工发起，在企业的支持下承担企业内部某些业务内容或工作项目进行创业，并与企业分享成果的创业模式。这种激励方式不仅可以满足员工的创业愿望，同时也能激发企业内部活力，改善内部分配机制，是一种员工和企业双赢的管理制度。

相比另立山头、自力更生的创业方式，内部创业在资金、设备、人才等各方面资源利用的优势显而易见。由于创业者对企业环境非常熟悉，在创业时一般不存在资金、管理和营销网络等方面的困扰，可以将精力集中于新市场领域的开发与拓展。同时，由于企业内部所提供的创业环境较为宽松，即使创业失败，创业者所需承担的责任也小得多，从而大大减轻了他们的心理负担，成功的概率相对大了许多。从另一方面来说，建立企业的内部创业机制，不仅可以满足精英员工在更高层次上的"成就感"，留住优秀人才，同时也有利于企业采取多种经营方式，扩大市场领域，节约成本，延续企业的发展周期。

3. 用创新去创造价值

熊彼特的创新理论告诉人们，经济发展要靠企业家的创新。蒸汽机的发明最初还不能算是创新，只有当企业家运用这项发明建立起一个新的商业组合后，才称得上创新。只有创新，才能获得利润，才能实现价值。有人会问，例如有的企业生产椅子，虽没有创新，但也有利润，只是不多而已，否则不可能继续经营下去啊！熊彼特说那不叫利润，是社会付给企业的管理者工资。其定价会无限趋近于成本，但也不会击穿这个成本，以确保有人愿意生产椅子，所以社会会付给其管理者工资。由此说来，企业只有提高自己的创新能力，获得创新的利润，才能继续良性循环，否则只能拿到社会付给的管理者工资。这种工资对有理想的企业来说又有多大意义呢？

创立伟业没有创新是不行的，创新才是一切之源。以爱迪生为例，他可谓是内生创业的典范。爱迪生不仅仅是一名伟大的发明家，更是早期创业者的先驱。直到今天，爱迪生仍被看作美国创新方式的缔造者。他是一个天才的发明家，更是一个天才的企业家。他将创造灵感与管理技术完美结合，游说投资人和政府投入资金、资源和服务，以消费者至上的生产原则和前沿工业研究实验室来孵化发明专利，打造了一个产业帝国。同时，在这个过程中，他为一个更加有效和创新的世界铺平了道路。

如今，由苹果、谷歌、高通等美国企业所进行的技术创新，助推了移动互联网时代的到来。接下来，互联网下一步的核心要素必然是人工智能、物联网、大数据和云计算等一类前沿科技。在这个核心发力点上，我国的互联网企业也在奋起直追。例如，阿里巴巴集团启动了"NASA"计划，致力于机器学习、芯片、物联网（IoT）、操作系统、生物识别等核心技术的研究与应用，并且组建新的团队，建立新的机制和方法，吸纳全球科技人才，努力在下一次机会来临前储备好核心科技。

如今市场的成熟使得大部分消费需求都能够得到满足，市场竞争走向优质和新颖，从物质需求走向文化创意需求。以人工智能、虚拟现实、3D打印、物联网技术等为特征的新技术革命的不断渗入，风险投资、"互联网+"在我国的不断普及，给内生创业，即创新带动创业提供了技术和物质上的可能。

自1990年以来，美国麻省理工学院（MIT）毕业生和教师平均每年创建150个新企业，对美国经济发展做出重大贡献。斯坦福大学的师生创办了雅虎、思科、谷歌、惠普、Instagram、网景、英伟达、硅谷制图等企业。这些企业是什么？都是高科技企业。高科技企业是高校接受过创新创业教育的毕业生创办的企业中最有价值的企业类型，这就是内生创业产生的企业。

以往大多的创业教育理论研究与实践更多地倾向于指导学生如何创办小型商业企业，视大学生创办了多少企业为教育效果，而忽视了大学生所创办企业的类型和所产生的社会效益及经济效益。因此，应该对科技创业教育及内生创业给予更多的关注。

高校是以创新带动创业理念的坚实的践行者，它必将带动和引领整个社会的创业路径选择，因此需要相应的政策支持、舆论引导、实践探索和经验总结，同时在创业教育中强化对创新型创业的引导和培育。

Step2：案例分析

优客工场——我国"双创"大潮下的创新服务平台

1. 企业基本情况

优客工场是中国的联合空间运营商，截至2019年6月30日，优客工场共管理逾200个联合办公空间，覆盖包括中国的一线城市和新一线城市以及新加坡和纽约在内的44个城市。

目前，优客工场已成为众多独角兽企业和世界500强公司的栖息地，包括Keep、罗辑思维、得到、VIPkid、今日头条、抖音、bilibili、快手、亚马逊中国、地平线机器人、OYO酒店、真格基金、紫牛基金、山水创投、维康金磊、忠旺集团等都已入驻优客工场并在此不断壮大，成为优客工场生态社群的重要组成部分。截至2018年年底，优客工场已经持续赋能近万家企业、超过20万名全球会员。

2. 经营理念创新

建筑专业出身的毛大庆博士在创办优客工场时，共享经济的概念刚刚出现。优客工场的创新首先体现在对共享办公理念的移植和外推，将这个概念从传统写字楼式办公跃迁到创业办公,将共享、服务、伴随生长的理念深入创业领域。2015年3月,优客工场从一张桌子开始,从北京的阳光100大厦起步,到最新的内容版块——大庆朗读,优客工场的共享办公空间不仅在各地生根,还一直在不断迭代和创新。

创新驱动发展,服务助推创新,是优客工场创设的使命与愿景所在。与创新企业一样,优客工场孵化了大量的创新企业,它自身也在经历一个企业创新的全过程。优客工场的硬件和软件确立就是公司的核心产品,这个产品本身是创新的产物,特别是以"共享"为基础的创新。自创立以来,优客工场用互联网模式革新传统办公场景,率先实现全手机端操控的智能化办公和无人值守运营管理,并持续引入近千家服务型企业,打造了多维度、全方位的生态服务体系。

优客工场在引入多元化投资机构的同时,积极倡导消费升级,推动新旧动能转换,完成了自身生态圈体系的搭建,初步形成了以共享办公空间为核心、40余家生态投资企业构成的完整生态社群。通过生态社群的构建,优客工场逐渐实现了平台赋能。在优客工场的办公平台上,不仅可以完成产业链上下游的对接与衔接,同时实现了生态的重组,为创新效应的产生提供环境与土壤。在市场创新方面,除了不断夯实国内的网络化布局之外,优客工场还在不断尝试在开拓海外市场,已经覆盖了包括新加坡、纽约等地区。

3. 产品创新与服务创新

通过对旗下产品进行迭代升级,优客工场不断致力于产品创新,目前有五条全新的产品线。这些产品包括:自营模式下的标准化空间 U SPACE,小型办公空间 U STUDIO,定制化空间 U DESIGN,以及轻资产模式下的以运营、设计施工服务为主的 U BRAND 模式,以管理、系统输出为主的 U PARTNER 模式。

硬件只是优客工场的"入口",实现线下与线上的互动助力,是优客工场一直追求的理想状态所在。通过"桌子"这一入口,在实现智慧化标准运营管理的基础上,输出品牌管理模式;同时,配合线上多个系统,实现打破物理空间、全面提升共享办公效率与服务水平。

2016年4月,优客工场App正式上线。App拥有线上预约、服务交易、办公社交、数据平台四大核心功能的线上办公社交平台;2017年年底,优客工场又正式上线"优鲜集",搭建商业社交平台,将企业、服务商、投融资等有机连接,实现企业服务与需求在平台中对接,并最终产生交互,这也为优客工场由办公服务功能型平台转型为企业社交化平台拉开了序幕。

2018年4月18日,在优客工场成立三周年之际,优鲜集完成了新一轮迭代。优鲜集将致力于打造S2B2C的平台,以建立企业与各类服务及数据的关系为核心,成为企业服务产业链平台企业。汇聚在平台上的大量企业,依托线上线下的紧密结合和深度运营,将形成一个多维度的企业评估体系,进而密切企业与企业、企业与服务、企业与会员、企业与应用之间的关系,产生新的业务增长点,激发新的收入模式。

在主营业务不断发展、优化的同时,优客工场也在不断探索多元化的价值输出,更充分地释放平台上上万家企业的综合价值。2018年1月5日,优客工场正式发布"优客讲堂"教育品牌,由优客工场创始人毛大庆博士担任校长、新东方教育集团董事长俞敏洪先生担任总顾问。"优客讲堂"作为共享办公领域独角兽从空间共享到知识共享的尝试,传承优客工场平台丰富的创业服务生态和过万家各领域创业者资源,向高校输出来自创业一线的实战经验及行业信息;同时发挥优客工场入驻企业价值,为高校学生提供实习实训及就业机会。它专注于支持高校及社会的创新创业及就业生态服务,包括专创融合的课程体系建设、实习实训体系、大赛辅导、创业加速营、游学访学、校园孵化器的升级改造及运营服务以及线上特色的行业创业案例课程等,持续提供专业化、系统化、全链条的"一站式"整体解决方案。

4. 对大学生创业的孵化

对于现在很多大学毕业生而言,创业是梦想,但也是一件遥不可及的事情,毕竟创业不是说说而已,它需要资金,也需要场地,而多数毕业生没有这个条件。那么,优客工场能为他们做什么呢?优客工场作为国内一家共享办公领域内的领军企业,不仅包括为入驻企业提供一整套办公空间解决方案,而且还有着传统的办公空间,如日常物业管理、投融资撮合、孵化加速、工商税法外包等方面的增值服务。

优客工场使来自不同公司的个人在相同办公空间内共同工作,方便办公者与其他团队分享信息知识、拓宽社交圈子等,让共享空间的理念深入人心的同时,也减少办公资源浪费,为创业人士助力,为更多有梦人士提供广大的创业平台,进一步推动国内创业浪潮。在完成了初步的全国性网络布局后，优客工场也进一步提升对平台企业和个人群体的关注，于2019年年初启动了会员产品的规划，全面提升平台上企业和个人在办公需求之外的衍生需求，包括出行、健康、差旅、金融等方向，逐步朝着实现"让你的每个工作日更快乐"的公司使命而努力。

优客工场的服务也由孵化器延伸到高校，从创立之初就有招聘应届生的计划，并建立了管培生培养体系，为公司未来的发展做长期人才储备。同时，也积极与合作院校举办优客工场主题招聘会，携带平台上优秀的"优客系"企业走进高校，助力小微企业人才招聘。

对于大学生的创业创新，优客工场创始人毛大庆博士给出的建议是：一定要保持开放的头脑、尝试新的可能，不要惧怕走到死胡同。因为只有从错误中学习，并在未知的森林中漫步，才会有崭新的发现和更多惊喜。

毛大庆博士愿意把这些感触与所有创业者分享。很多创业者都在公开场合说"不忘初心"，但所谓的"初心"，不只是情怀，还应该是一种可以在漫长探索中保持渴望的心态。他认为创业最大的挑战主要来自公司和行业两个方面。首先，组建一家公司和在大企业担任高管是完全不同的。在大公司里，不需要思考要塑造什么样的企业文化、制定什么样的公司制度，以及什么样的制度和文化才是符合行业和公司特性的，怎样通过企业文化的塑造和公司业务的发展给予员工更强的归属感等。另外一个困难来自自己在塑造一个行业，即创新而不是复制。因此，不但要把事情做出来，还要证明它的创新之处，以及存在的合理性和价值，并且不断地修正完善。在没有人证明的时候，只有靠自己证明。

毛大庆先生一次在接受访谈时分享了自己毕业时面临当时社会的抉择。他总结下来得出这样一句话："我从一开始就是一个不安分的人，更愿意做一些未知性比较大的事情，也会让自己更多地发现计划框架之外的机会。"

▶ Step3：练习与应用

（1）用你自己的理解说明：什么是内生创业？为什么它十分重要？

（2）有句广告语："这个世界在残酷惩罚不改变的人。"你如何理解这句广告语？

结合以下实例进行思考：如图1-1所示产品叫作"万能充电器"，它曾经很流行，可如今它被淘汰了。当你认识到万能充电器的命运时，你会想到什么？

图1-1 万能充电器

（3）采访一位正在进行内生创业的创业者，列出采访提纲，之后写出一份采访报告。

（4）新动机激发训练：尝试列举五项校园内需要改进的事物。例如，粉笔盒、U盘、快递车、食堂的各个方面、图书馆方面、改善上课条件、单车停放。

（5）你可否收集案例证明"人人是创造之人"（如非专业人士、中小学生等）？

Step4：总结与反思

1. 理论的一句话总结

内生创业是创业新观念和新模式，是一种基于创新的创业。它是一种寻找创新机会，以创新产品和服务为导向，挖掘内部潜力，利用内部和外部资源、制订和实施计划不断试验和往复循环的创业实践。"处处是创造之地，天天是创造之时，人人是创造之人。"人人都可以成为内生创业者。

2. 推荐延伸阅读的文章和书籍

（1）希斯里奇，卡尼. 公司内部创业［M］. 董正英，译. 北京：中国人民大学出版社,2018.

(2)克里斯坦森. 创新者的窘境[M]. 胡建桥,译. 北京:中信出版社,2014.

(3)朱燕空. 创业学什么——人生方向设计、思维与方法论[M]. 北京:国家行政学院出版社,2017.

(4)成杰. 永不放弃——马云给创业者的24堂课[M]. 北京:中国华侨出版社,2011.

第二章
内生创业——创新创业新动力

创新创业实战教程

第一节 内生创业需要改变你的思维

第二节 创新创业者的内在素质

第三节 把自己锻炼成内生创业者

第一节

内生创业需要改变你的思维

> **导 语**
>
> 对所有创业者来说,永远告诉自己一句话:从创业的第一天起,你每天要面对的是困难和失败,而不是成功。我最困难的时候还没有到,但有一天一定会到。
>
> ——马云
>
> 内生创业需要的思维方式是创新思维,是打破现状、求新求变的思维。
>
> ——本书作者

Step1:基本理论

1. 学会以创新的方式进行思考

思维,即思考,是人类所具有的高级认识活动,是人脑对事物之间内在联系和本质的反映。思维在心理学上又称为认知,简单地说,认知就是产生想法的过程。例如,当你拿到一道数学难题,你需要通过一步步的判断和推理将它解开,这个过程就是思维,也就是每个人思考问题的方式。

事实上,了解思维的概念并不能保证我们就会思维,就如同我们拥有知识,但不知道如何加工知识一样。具体如何思维，则要凭借思维方式和思维方法。所以，我们更关注"以××方式思维"这样的问题。以什么方式思维反映了你思维的基础、视角、原则、样式、深度、广度和方法，而任何一种思维方式又必然形成思维习惯和惯性。这些习惯一方面使思维更快速有效，另一方面由于转换的困难，也限制了人们灵活地转换方式进行不同方式的思维。

例如，以感性方式思维、以理性方式思维、以非逻辑的方式思维、集中思维、发散思维、创造性思维等，都是思维方式的不同表现。也就是说，对待一件事情，人们是如何思考的，即思考的固定方向是什么？方式是什么？或其产生的结论是什么？人们从这些角度把握思维规律，比学会定义什么是思维更有意义。人们常说的批判性思维、法治思维、互联网思维、创业思维等其实都是思维方式。

内生创业需要的思维方式是创新思维，是打破现状、求新求变的思维。所谓创新思维，也称创造性思维，简单地说就是以创造的方式进行的思维，即以新颖独创的方式解决问题的思维过程。通过这种思维，思考者能突破常规思维的界限，以超常规甚至反常规的方法、视角去思考问题，提出与众不同的解决方案，从而产生新颖的、独到的、有社会意义的思维成果。创新思维具有如下特点：①超越性（超常规、颠覆性）；②反常规性（求异性、独创性、突发性）；③新颖性；④思维流畅性与变通性（灵活性）。

由于新的技术、新的管理模式、新的商业模式会不断产生、不断升级换代，所以，创新是永无止境的。内生创业者要想实现事业的不断壮大，必须不断跨越已有的范式，转换思维模式，善于把握和利用各个维度的变迁机会。正如乔布斯所言："领袖和跟风者的区别就在于创新。"

哈佛大学荣誉校长陆登庭（Rudenstine）曾说："一个成功者和一个失败者之间的差别，并不在于知识和经验，而在于思维方式。"现代社会，教育何为？爱因斯坦认为，应该把独立思考和综合判断的能力放在首位，而非获得特定知识的能力。一句话，关于知识的知识才是无用之大用。

美国小说家大卫·福斯特·华莱士（David Foster Wallace）曾于 2005 年在凯尼恩学院的毕业典礼上发表演讲，提出这样的观点：教育不改变生活环境，却能改变人的思维方式。他说，一个成年人的生活需要早早起床，赶赴办公室，然后去超市、做饭，放松一会就得早早上床。因为，第二天又得周而复始，再来一遍。人很容易在这样的生活里形成无意识的惯性：无意识地看手机、给生活加速、陷入琐碎的柴米油盐、忽略身边的人和事、冷漠、愤怒、抱怨……而不自知。他得出结论：教育的目的不是学会知识，而是习得一种思维方式——在烦琐无聊的生活中，时刻保持清醒的自我意识（Self-awareness），不是"我"被杂乱、无意识的生活拖着走，而是生活由"我"掌控。学会思考、选择，拥有信念、自由，这是创新创业教育的目的。因此，教学生学会以创新的方式进行思考也是各类教育成功与否的判断标准之一。

2. 改变思维意味着突破思维障碍

生活中常常会遇到这样的现象，即一些所谓的"难题"，在没有给出答案前似乎都是高深莫测的，甚至被看成是无解的，而一旦点破答案，又会觉得极其平常。这也常使解题者拍膝嗟叹："咳！这么简单，我怎么就想不到呢！"这说明一个道理：创新设想的产生需要克服人们头脑中某种习惯性看法，或打破思维强加的某种限制。这一系列的限制并不是问题的条件，问题本身并没有提出什么限制，但解题者自己却在思考时加上了各种多余的限制条件。而一旦抛弃这类多余的限制，创造性的答案就变得简单明了。从这个意义上讲，任何创造，无论大小和难易，都是相对一种或多种障碍而言的，谁突破了思维障碍，谁就实现了创造。

人的思维障碍有以下十大表现：

（1）思维定式。

（2）迷信书本知识和权威。

（3）凡事都遵守已有的规则。

（4）问题都只有一个正确答案。

（5）直线思维。

（6）抽象化思维。

（7）受问题情境干扰。

（8）缩小问题。

（9）夸大问题。

（10）受解题条件的限制。

如何使自己保持创新思维方式呢？这需要不断地训练。有几种方法有助于提高这种能力，其中之一就是针对某种思维障碍进行排除。人的思维障碍是通过以往的教育、社会习俗及常规习惯长期形成的，有一定的稳定性和危害性；克服思维障碍的关键是认识障碍有哪些具体表现，并有针对性地加以克服。针对上述思维障碍，可以相应地采取如下方式进行思维。例如，破除思维定式；保持怀疑态度——不迷信书本知识和权威；打破已有的规则，不安于现状，敢于想象，等等。

下面分别对上述十大思维障碍进行具体剖析。

（1）思维定式。一个人以往的经验和处理问题的方式方法，经过一定的重复，会在头脑中形成一种神经联系，遇到问题时，他会自觉不自觉地按照老办法进行，从而形成定式。这种定式对处理日常重复性问题可以得心应手，但面对新问题，需要开拓时，它就成了思维枷锁。正如一个土堆，形状不规则，在土堆上倒水，你认为水会向哪个方向流？倒完一杯水后，再倒一杯水，水就会按照已形成的痕迹流。人刚出生时，大脑就如同一个土堆，有各种可能性，随着生活经验增多，慢慢地大脑就形成了固定的思维轨迹，这就是思维定式。遇到问题，人们首先按照已形成的轨迹思考，只有受到外力冲击或者有强烈意识时，才会改变轨道。

思维定式有以下几种具体表现：

1）依赖经验，形成经验框框。经验是一笔财富，同时也是一种思维障碍。已经形成的经验会被不假思索地认为是正确的。它容易形成经验框框，限制思维超越，使思维范围只能在框框内寻找答案。而创新设想常常是在经验之外的。真正的智者是有经验且知道怎样利用经验同时又能超越经验的人。

2）情感障碍。人对熟悉的和常用的事物、方法会有感情，这就有可能成为束缚思想的障碍。

3）头脑饱和。人们遇到问题时，总会首先在头脑中形成某种想法，这个想法往往占据主导和支配地位，成为先入之见。这个先入为主的想法一旦占主导地位，会使人的头脑呈饱和状态。在解题时，人们常常不会意识到这个主导想法在引导自己的思维，但就是提不出创新设想、形成新方案；即使形成新设想，这些所生成的替代方案也可能被主导想法所禁锢。思维会由存在但不明确的主导思想支配，即由主导想法决定人的判断和解题思路。

4）概念固化。概念是人们对事物本质的概括，有很大的僵硬性，容易使人僵化地理解事物、处理问题。许多人都有"功能性固定"障碍，即事物原来是做什么的，概念规定是做什么的，就认为它只能做什么。由于突破不了原来概念的限制，思维就有很大局限性。

（2）迷信书本知识和权威。"知识就是力量"，哲学家培根的这一判断对西方近代精神文明的发展起到了巨大作用。然而，知识变成真正的力量是一个复杂的过程。在培根所处的时代，人类所积累的知识总量极为有限，社会发展较慢，人们获得知识的途径相对狭窄。在当时的条件下，知识不仅总量少，而且不易过时，所以谁掌握了更多的知识，谁就会更有力量。但是，随着人类掌握知识的增长和改造自然能力的不断提高，有知识未必一定有力量了。在知识路径的依赖下，人们缺少了组合原有知识并加以活用、巧用的创造性解决问题的能力。有时，知识或权威也会限制人的创新思维的产生。"权威崇拜症"就是这类障碍的表现。知识总是代表权威，但权威也会有错，盲目崇拜权威阻碍了创造力的发挥。

社会上经常有一些言论成为扼杀创新的"权威"判断，诸如"这简直不可能""这根本办不到""这些事想也别想""专家权威都认为不可能"。

上述言论常常成为人们面对棘手问题时最方便的遁词。生活中原本有无限的可能性，只因为不尝试，就会派生出许多的不可能，而许多的不可能又会累加成重重困难。面对困难我们可能会一生与成功无缘，事实上，所有成功都是在 N 次失败的基础上又加了一次尝试。

（3）凡事都遵守已有的规则。这个社会的确是靠规则运行的社会，人们总认为规则是不能改变的，凡事都应该严格遵守规则。大部分情况下，我们必须按照标准、规则和操作规程办事，否则必将失败，但有时候也需要人们去打破规则。在多变的环境下，规则的创新比内容本身的创新更为重要。

（4）每个问题都只有一个正确答案。这一判断对一些数学或物理的计算题来说是对的，然而生活中的大多数问题并非如此。社会发展是不确定的，一个问题可以有多种解决方式，同一目标也可以有多条路径到达。只有去探索第二种、第三种答案，才能产生更多的创意。"世界上没有完全相同的树叶。"别看树叶小，它所具有的属性同样是无穷多的：长短、宽窄、厚薄、色彩的浓淡、边缘的锯齿形状、中间的脉络走向……其中的每一种属性都可以再细分出许多种。要想找出其无穷多的属性完全吻合的两片树叶，显然是办不到的。

（5）直线思维。人的思维是有惯性的。惯性就是保持原来状态的特性，原来是直线，就一直愿意保持直线。人有抗拒改变的天性。"安于现状""一条路走到黑"等说的就是直线思维。《易经》中有句话："穷则变，变则通，通则久。"其意思是说事物在时间里是不以人的意志为转移而发生变化的。"变"和"通"二字，合起来即为"变通"，人们以变通来应对变化。变通就是遇事不必死钻牛角尖，而应该懂得通融、屈伸。

（6）抽象化思维。许多人善于抽象思考问题，总是从普遍意义上、一般意义上找寻答案。例如，人们常听到这样的判断："凡事都要清楚明白""干好每件事都有一个最好的方法""干什么事都有捷径""事物都是均匀的、平等的""犯错误是坏事""企业规模越大越好""小的是美的"，等等。但人们遇到的问题、事情都是具体的，遇到的人也是具体的、有不同个性和背景的人，需要具体问题具体分析。所以，需要变抽象化思维为具体化思维。

（7）受问题情境干扰。世界上没有孤立的问题，问题总是在特定条件和场合下产生的，问题与背景、条件、人物、以往解决方式等构成问题情境。问题情境可以使人更快地解题，但也容易限制和影响人的思路，造成思维障碍。所以，要创新就需要对解决的问题进行分析，看看我们认识问题时是不是陷入思维陷阱之中。

受问题情境干扰的具体表现如下：

首先是难以明确问题。许多问题之所以难以解决或解决得不好，与问题不明确有关，是解题人将问题搞错了。他需要对问题的原因进行深究，也需要转换问题、改变提问，从新的角度审视、转化和表述问题。其次是重形式而忽视内容。我们把形式比作容器，它是用来装内容的。生活中人们受干扰后仅仅重视问题的形式，而忽视了内容，即人们总是重视问题的表面和局部，而忽视了内容和整体，常把"容器"当"内容"。

创造性解决问题的第一步，就需要以创新的态度来看待问题，创造性地阐释问题，创造性地转换问题，或者创造性重新关联和界定问题。有时，人们所面临的问题可能因线索不当或信息错误而变得难以理解，在解决问题时，正确地对问题进行识别是非常重要的。如果难以识别问题，问题就不能得到恰当的解决。

（8）缩小问题。由于认识条件和能力的限制，人类在解决问题过程中形成了一种相对固定的思维方式和方法。这种思维的出发点就是尽可能缩小问题，把复杂问题简单化。但很多问题是复杂的，许多东西都无法确定，因而不应该将一切复杂问题简单化。

（9）夸大问题。与缩小问题相反，许多问题本来很小，但被人为地夸大，以致人们要么回避，不敢去处理和解决，要么用一些复杂的办法去处理，使解题失败。学会把问题简化，有时对处理比较复杂的问题是有效的。有时候问题本身很简单，但由于受到内外条件的干扰和主观上的认识障碍，解题者的思维不灵活，把它当成复杂的问题来解答，而复杂化的结果使问题也变得更复杂。所以，对有些问题，特别是不熟悉的、看似复杂的问题，解题时不妨先尝试简化问题，反而可以找到真正的答案。

（10）受解题条件限制。传统的知识传授所进行的具体解题教育，是通过课后作业和练习题、测试、考试等方式进行的，其中有一些不良习惯被学生模式化了，并在学习者身上定型。学校里的练习题都是针对学过的知识而设计的，条件总是不多不少、全部都能用上，老师的提问总是直接的，答案也是标准的。这样做可以使学生有效地掌握书本上的知识点，但学生久而久之就会形成一种思维惯性，认为问题都是要给足条件的，条件不多不少，且条件和问题有直接的对应关系。这样就削弱了学生适应实际问题情境的能力。

在现实生活中，问题与条件的关系是复杂的，有时候没有条件必须创造条件，有时候条件给得太多，很难找出适合的条件。因此，首先需要对条件进行确认、推测、补充、选择等，在完成这些之后，才能解决问题。如果不擅于对解题条件进行分析、判别，就会落入条件的陷阱而不能自拔。

它有两种具体表现：

1）条件暗示陷阱。条件是与问题有关的，往往暗示了问题的答案所在。这一方面能帮助解题；另一方面，条件会暗示一种常规思路，限制了创新设想的提出。真正成功的人往往是最大限度利用现有条件的人，而不是僵化地被条件暗示所束缚的人。

2）人为附加限制条件。有时，问题本身并未提出任何解题的限制条件，但解题者却凭自己以往的经验或先入之见，给问题加上了一些人为的限制条件，结果反而把自己限制住了。而一旦抛开或抛弃掉这些多余的限制条件，创造性的解题设想就变得十分简单明了。

3. 掌握四种创新思维方式

（1）多向思维。多向思维也称发散思维、辐射思维、放射思维、扩散思维、求异思维，是指大脑在思维时呈现的一种扩散状态的思维模式。它表现为思维视野广阔，呈现出多维发散状。人的发散思维是一种"思维迁移"能力。

那么如何发散思维呢？人有维数思维惯性，习惯于由点动成线，但是想不到线动成面，继而想不到面动成体。发散思维要求你从点到面、从平面化到立体化，学会上下、正反、前后、左右、内外思考。例如，各种立体设想就是这种发散思维的结果。

从时间维度上就有现在、过去和将来。从事物的系统角度思考，还可以有很多的发散轴。例如，材料发散——以某个物品为"材料"，并以其为发散点，设想该材料的多种用途；功能（用途）发散——从某事物的功能出发，构想出获得该功能的各种可能性；结构发散——以某事物的结构为发散点，设想出利用该结构的各种可能性；形态发散——以事物的形态为发散点，设想出利用某种形态的各种可能性；组合发散——以某事物为发散点，尽可能多地把它与其他事物组合成新事物；方法发散——以某种方法为发散点，设想出利用方法的各种可能性；因果发散——以某个事物发展的结果为发散点，推测出造成该结果的各种原因，或者由原因推测出可能产生的各种结果。

发散思维的基础是自由联想。所谓联想，是人的心理活动的一种基本形式，从一点想到另一点，通过"想"从记忆仓库中把两个记忆中的元素提取出来，再通过想象把它们"联"在一起，即形成"联想"。联想的形式有相近联想、相似联想和相反联想。

（2）侧向思维。侧向思维（Lateral Thinking）与正向思维相对应。正向思维遇到问题是从正面去想，而侧向思维是要避开问题，从侧面去想。侧向思维就是利用其他领域的知识和信息，从侧向迂回地解决问题的一种思维形式。

侧向思维又称"旁通思维"，是发散思维的一种形式。这种思维的思路、方向不同于正向思维、多向思维或逆向思维，它是沿着正向思维旁侧开拓出新思路的一种创造性思维。

世间万物是彼此联系的，从其他领域寻求启发、方法，有时可以突破本领域常有的"思维定式"，打破"专业障碍"，从而解决问题，或者对问题做出新颖的解释。常见人们在思考问题时"左思右想"，说话时"旁敲侧击""他山之石可以攻玉"，这些就是侧向思维的形式。

（3）合向思维。这种思维方式是将两个事物合在一起思考，思考两个事物或者两种思路合在一起会如何。在发明创造中，大量的组合发明都是这种思维方式的结果。

（4）逆向思维。从事物的相反方向思考，提出问题，展开思路，就是逆向思维。

世界上矛盾是普遍存在的，所谓"相反相成"，对立的都是统一的，依照辩证统一的规律，将两种相反的事物结合起来，从中找出规律。这是创造领域一种有成效的规则和方法。

逆向思维是超越常规的思维方式之一。按照常规思路，思想会缺乏创造性，或是跟在别人的后面亦步亦趋。当陷入思维的死角不能自拔时，不妨尝试一下逆向思维，打破原有的思维定式，反其道而行之，会开辟新的境界。古希腊神殿中有一个可以同时向两面观看的两面神；无独有偶，我国的罗汉堂里也有一位半张脸笑半张脸哭的济公和尚。人们从这类形象中引申出"两面神思维"方法。

Step2：案例分析

金融专家创业火箭公司——蓝箭航天

1. 企业基本情况

蓝箭航天空间科技股份有限公司（简称蓝箭航天）成立于2015年，是一家专注研制可控液氧甲烷航天发动机及液氧甲烷火箭的民营航天企业，主营业务是商业运载火箭。创始人张昌武毕业于清华大学，曾就职于汇丰银行和西班牙桑坦德银行，主要从事金融领域。蓝箭航天是国内从事火箭研制和运营的民营企业，公司聚焦中小型商业航天应用市场，致力于研制具有自主知识产权的液体燃料火箭发动机及商业运载火箭，以高度集成的设计能力和单机创新能力，完成产品设计、制造、测试和交付全流程任务，为全球市场提供标准化发射服务解决方案。

2018年8月，蓝箭航天自主研发的"朱雀一号"（ZQ-1）运载火箭总装完毕。同年11月，蓝箭航天宣布完成3亿元B+轮融资，截至2018年9月底，蓝箭航天累计融资金额超8亿元人民币。

2. 市场背景及对市场需求的把握

金融人士创业火箭公司，这种跨界发展有其内在市场逻辑。在过去10年，美国商业航天的发展引起了世界各国社会各界的关注。世界主要航天大国均出现了航天工业商业化、民营化的趋势。美国民营航空航天公司SpaceX在商业航天领域做出了众多重大探索和突破，而亚马逊公司也在搭建自己的卫星信托系统。随着我国航天工业的发展和航天基础设施的完善，也产生了由商业企业生产卫星的需求。在此背景下，国家颁布了一系列的政策法规来支持和推动商业航天的发展，社会各界也开始关注我国商业航天的发展。

另外，国内航天工业土壤肥沃基础牢固，也为商业航天的发展提供了技术基础。20世纪欧美发达国家对我国采取了航天封锁政策，我国的航天工业便开始了自主设计、自主研发、自主制造的过程。可以说，我国的航天工业是在发达国家封锁的夹缝中成长起来的。而这也使得我国拥有核心的知识产权、庞大的工程师人才队伍、完善的配套工业基础设施，即拥有一套自主且完整的航天工业体系。

之所以选择火箭领域切入商业航天领域，是因为这个市场蕴含着极大的商业机会。据统计，到2020年，全球预计有5000~6000颗待发射的低轨卫星。目前全球范围内的火箭制造与发射却无法满足卫星上天的需求，即当前火箭的产品工艺不能很好地满足市场新兴的需求，火箭工业在技术上仍有较大的提升空间。这具体表现在：当前我国的火箭尚属于稀缺产品，无法量产，所以商业航天需要提升量产能力；火箭发射成本高昂，商业火箭研制周期长，还没有大规模实现可回收重复发射；火箭需要迭代升级，替换掉目前市场上有毒污染、无法重复使用、维护成本高的火箭产品。如何解决上述问题，满足到2020年800亿美元的卫星发射服务市场需求，仍然是摆在整个行业、产业面前重大核心的问题。而对于在这个领域的投入，张昌武认为，运载火箭研制不是一件特别"烧钱"的事，"不比汽车领域的投资规模更大"。

3. 市场定位与核心竞争力

面对国有航天企业的竞争，蓝箭航天从定位上确定了差异化发展的战略。在当前国家鼓励和保护商业火箭发展的政策环境下，蓝箭航天从技术和市场需求方面规划了自己的产品与技术路线，定位自己是"国家队"的有力补充者。

蓝箭航天选择从发动机的研发入手，使用新型推进剂来升级现有的火箭发动体系。它的整个技术难度、技术路线、推进剂类型与"国家队"的火箭发动机完全不同。相比传统火箭发动机推进剂有毒有害、价格昂贵等问题，世界航天发展的趋势就是要求火箭更经济、可回收。蓝箭航天瞄准了液体火箭的动力系统这样一个核心去做工作，研制出一款百吨级的液氧甲烷发动机。一方面，液氧甲烷清洁环保，燃烧后无残留，利于复用的优势非常明显；另一方面，目前运载火箭的核心诉求是低成本，液氧甲烷的成本比之前常用的液氧液氢和液氧煤油都要低。

天鹊80t液氧甲烷发动机是蓝箭航天自主研发的新一代运载火箭动力系统，是国内首台由商业航天企业研制的大推力液氧甲烷发动机，推力水平在同类技术产品中可达世界第三、亚洲第一。

搭载这款发动机的是蓝箭航天自主研制的中型液体运载火箭"朱雀二号"。这是我国最大在研民营运载火箭、我国首款液氧甲烷运载火箭。其设计目标是满足未来服务市场里面批量多元化、低成本、污染小的市场诉求，同时也有机会服务于国家航天战略，服务于一些国家的火箭发射任务。

2018年9月27日，蓝箭航天在浙江省自建的试车中心完成了90t发动机短喷管点火试车；同年10月27号，在酒泉卫星发射中心完成了一号火箭的发射升空；2019年4月，完成了发动机半系统试车，这标志着蓝箭航天百吨级发动机研发取得关键技术突破。

为提升企业的竞争壁垒，蓝箭航天非常看重人才。蓝箭航天的科研人员和工程师很多来自国家航天科研院所，他们有着深厚的火箭技术功底和丰富的火箭研发经验，这使得蓝箭航天具有巨大的人才优势。吸引和留住人才的关键，张昌武认为并不只是高薪和优厚的待遇，而是宽松的环境和鼓励尝试的创业精神。张昌武举例，2018年蓝箭航天的工程师在浙江省湖州市的大山中建设试车台。当地容易受台风天气影响，所以很多时候技术人员是在非常恶劣的环境下施工的。经过1年的攻坚，技术人员就将矿坑改造成了国内第一个民营火箭发动机热试车中心，并建成了亚洲规模最大的民营火箭制造基地。在这个过程中，技术人员表现了特别能吃苦、特别能战斗、特别能奉献的精神，而这种精神是无法用商业的价值标准来衡量的。

另一个提升竞争优势的方式，蓝箭航天的决策层认为是专注于提升产品质量，以创业的心态而非投资的心态来做项目。蓝箭航天用数年时间攻克火箭发射的技术难题，建立起火箭发射的基础设施来完善产品，其间面临着非常复杂的技术问题和全新的探索。这对于当前很多抱有追求商业成功心态的企业来说，很难坚持下来。蓝箭航天储备了大量的火箭技术专利，拥有商业火箭领域的核心技术。张昌武认为，这些积累不是仅靠大量投资就能得到的。

4. 蓝箭面临的困难和挑战

尽管作为科技型创业项目，蓝箭航天已经取得很好的成绩，但其面临的困难也是非常明显的。

（1）在全新的领域中进行商业模式的探索仍然是很大的挑战。当前国家关于民营企业生产制造火箭、火箭发射升空的准入制度等商业和技术的问题尚没有相关标准，即使在全球范围来看也是一个全新的领域。美国在民营企业航天领域走在世界前列，但其政策、市场环境与我国有极大的不同。造成了两国民营商业火箭公司的成长环境的不同。SpaceX 的路径是难以复制的，我国民营火箭企业只能在摸索中前进。

（2）航空航天领域创业是一项复杂的工程，其技术难度大、体系庞杂。由于一台火箭是由数十万个零件和上千个子系统组成的，要使得构成如此复杂的庞大火箭飞上天非常困难，需要经过长期设计和拥有完善的配套设施，而这个过程也需要工程技术人员投入极大的心血和智慧。能否持续保持人才队伍的完整和高水平人才的加入，也在考验蓝箭航天的管理水平。

（3）商业航天是国家的强监管行业，其外部监管与内部安全保障问题如何协调也需要慎重考虑。商业航天产业不同于其他普通的民用产业，蓝箭航天不仅需要在技术上攻克安全问题，管理层还需要站在监管者的角度做好内部风险防控的监督与纠偏，对关键技术的保密、涉密人员管理、生产安全监管、知识产权保护等方面均面对极大的挑战。

▶ Step3：练习与应用

（1）一位老师向学生们出示一把旧牙刷，要求他们 3 分钟内把自己想到的"关于这把旧牙刷的用途"全部写下来。结果，有 80% 的学生列举了不到 8 种用途，并且大多是与刷子相关的用途。现在，把这一问题的范围扩大，改为"把这种东西的用途"全部写下来，避开"牙刷"这个词。你还能列举出哪些用途呢？

（2）最初的问题陈述：如何发明一种更好的捕鼠器？可以将这一问题分解为：①如何设计捕鼠器的机械结构？②如何安排捕获老鼠的方式以及引诱老鼠的诱饵？③原来已有的方式是怎样的？优缺点如何？④利用何种材料？怎样安装？等等。这些子问题还可以进一步分解。例如，根据功能，可以把捕鼠问题分解为什么子问题？在不断分解出子问题后，将子问题进行创造性的合成，原来的问题自然容易解决了。

（3）反过来考虑会怎么样。可以试着把某事物的形态、性质、功能、结构反一反，或者把上与下、里与外、前与后、横与竖、方与圆、左与右、导电与绝缘、热与冷等矛盾的两个方面颠倒一下，就会产生新的产品、新的功能、新的用途。试着找出三个原型，然后反着想想，看能够得出什么新产品和新功能。例如，"铁板烧"是一种菜的做法，反过来想想，你能够想到什么新的做菜方法。

（4）思维训练。通过联想和发散思维完成下面这些练习题：①由电视机上的拉杆天线你能相似联想到什么？②对一次性的东西，你能联想到什么？③对折、卷曲伸缩，你能联想到什么？④对两用的东西，你能联想到什么？

Step4：总结与反思

1. 理论的一句话总结

内生创业的前提是创新，创新的前提是创新思维。要想产生创新思维、提高创新思维，有两个途径：一是认识自己的思维障碍，有意识地加以克服。这些阻碍创新的思维障碍有十种表现。二是利用四种思维方式进行思考。这四种创新思维方式是多向思维、侧向思维、合向思维和逆向思维。

2. 推荐延伸阅读的文章和书籍

（1）王滨. 创新思维与人生智慧［M］. 上海：上海科学普及出版社，2015.

（2）陈丁琦. 创新之道——创新者必须回答的九个问题［M］. 何峻，译. 北京：机械工业出版社，2016.

（3）威尔逊. 创造的本原［M］. 魏薇，译. 杭州：浙江人民出版社，2018.

（4）王哲. 创新思维训练500题［M］. 北京：中国严实出版社，2009.

第二节

创新创业者的内在素质

> **导 语**
>
> 处处是创造之地，天天是创造之时，人人是创造之人。
> ——陶行知

▍Step1：基本理论

1. 内生创业者与创业团队

创业者是指发现某种信息、资源、机会或掌握某种技术，利用或借用相应的平台或载体，将其发现的信息、资源、机会或掌握的技术，以一定的方式转化创造成更多的财富、价值，并实现某种追求或目标的个人或团体。内生创业者就是通过内生创业的方式实施创业的个人或者团队。

内生创业者与外生创业者最大的不同之处在于，其创新创业的动力来自内在。内生创业者不仅有内在动机，更有内在的信心，对自己的创新创业动机和能力充满自信。"人人是创造之人"的理念一直深入其心中。例如，木匠鲁班发明了锯子；在农村持家的妇女黄道婆发明了织布机；修理工瓦特改进了蒸汽机；钢笔是一个生意人发明的；英格兰铁匠麦克米伦发明了自行车；美国画家莫尔斯发明了电报；小店老板安藤百福发明了方便面；美国一名普通男子发明了带温度计的奶瓶。

社会上流行的很多判断都是对"人人皆可创新"的否定，也是对内生创业者的否定。例如，创新虚无主义认为，没什么可创造了，先圣先哲已做好安排，太阳底下没有新东西，现代科技已艰深复杂、严密完整，一切可发明的都已被发明，我生得太晚了，等等；安于现状的判断，诸如现在蛮好，不必多此一举，不要标新立异，不要无事生非，不要折腾了，凑合用吧，不要改了，已经习惯了，过去我们一直这么干的，等等；四平八稳的判断，诸如别反而改坏了，省点心思，少找麻烦，不要将自己置于失败之地，失败可不是闹着玩的，你会把脸丢尽的，得不偿失，等等；事不关己的判断，诸如发明创造与我无关，我笨，我没有创造力，我不是那块料，我的专业不是干这个的，我是外行，等等；悲观主义的判断，诸如此问题根本无解，这问题出错了，我根本不具备条件，不可能，别费心思了，等等。

一个3岁的儿童，在没有暗示和模仿的前提下，第一次想到站到小凳子上拿他站在地上够不到的柜子上方的玩具。这种做法对成年人来说仅仅是常识，没有人会大惊小怪，但是对幼儿来说，几乎可以算是一个创举，会受到大人的表扬。在这个问题上，人们衡量大人与小孩的活动是否具有创造性就没有使用同一个标准。对于社会来讲，这一点早已得到了普遍认同。

内生创新创业不仅与个人有关，更多地与集体和团队有关，因为创新尽管总是被打上个人烙印，似乎是个人创新能力的发挥，但与过去的社会创新不同，当今的技术创新，创新主体常常表现为集体和团队行为。也就是说，集体的创新能力远远大于个人的创新能力，大部分创新成果都是集体产生的。内生创业团队是为进行内生创业而聚集在一起的集体。共同的内在动机使各成员联合起来，在行为上形成彼此相互影响、交互作用、相互协调的群体，其在心理上意识到其他成员的存在，且具有彼此相互归属的感受和工作精神。这种集体不同于一般意义上的社会团体，它因创业而连接起来，却又超乎个人、领导和组织之外。

2. 内生创业者的特质

内生创业活动是由创业者主导和组织的创新实践和商业活动。要成功创业，不仅需要创业者具有开创新事业的热情、激情和冒险精神，面对挫折和失败的勇气和坚韧，以及各种优良的品质素养，还需要具备创新思维，以及解决和处理创业活动中各种挑战和问题的知识和能力。

什么样的人（或者说有什么特质或能力的人）适合内生创业呢？即创业者需要具备的素质和能力是什么呢？

1986年，布罗克豪斯（Brockhouse）提出创业者特质有四项：成就需要、自我控制、高风险承担、对不确定性的容忍。

2005年，罗伯特（Robert）提出创业者特质有十项：自我驱动、创造力、热衷创新、积极自信、精力充沛、克服困难的韧性、识别机会和承担风险能力、说服别人的能力、对新事物的敏感、自我认同。

2010年，布鲁斯（Bruce）提出创业者特质有四项：对商业的热情、对产品和用户的关注、面对失败的坚韧、执行能力。

还有学者提出九项创业者特质：积极主动、勇于冒险、随机应变、创造力、独立性、领导能力、强烈的职业道德、敢作敢为、责任感。

还有人提出创业者的素质和能力包括：创业激情与创业意识，自信、自强、自主、自立的创业精神，一定的创业知识素养，优秀的创业人格品质，强烈的竞争意识，良好的人际关系，良好的创业心理品质，创业者的经营管理能力，创业者的专业技术能力，创业者的综合性能力、领导与决策能力。[一]

可见，到底什么样的人适合创业，或者说把自己培养成什么样的人才适合创业，并没有一个共同的标准。每个人都是不同的，不可能按照一个标准和模式发展。即使了解了创业者应该具备哪些素质和能力，但如何获得这些素质和能力，即获得的途径，也难以有一个共同的标准和模式。

当然，对内生创业者而言，仅有上述素质和能力还不够，或者还存在一个重要程度的排序。一般而言，创新思维能力、创新与专业相结合的能力、创新与动手相结合的能力是内生创业者重要的特质。而创业精神与创业意识也同样重要。创业精神是以有限的资源追求无限的理想，真正的创业者并不仅仅是追求个人财富，而是追求自己的理想。所以，创业精神中至少包括创新精神、冒险精神、脚踏实地与吃苦精神、坚持不懈的不放弃精神、合作精神以及热情、理想与情怀这几个方面。

创业意识是指在创业实践活动中对创业者起驱动作用的个性意识倾向或习惯

[一] 郭占元，《创业学理论与应用》，清华大学出版社，2014年版，第97页。

与自觉行为。创业意识是人们从事创业活动的出发点与内驱力，是创业思维和创业行为的前提。广义的创业意识是创业的先导，构成创业者的创业动力。它由创业需要、动机、意志、志愿、抱负、信念、价值观、世界观等组成，是人进行创业活动的能动性源泉，激励着人以某种方式进行活动，向自己提出的目标前进，并力图达到和实现它。创业意识包括商业意识、合作意识、风险意识、创新意识、职业规划意识等。

人的创新潜质和创业潜质是可以通过锻炼提升的，同时，也可以对一个人的创新能力进行大致的测量。通常是使用一些心理测量量表来进行测量。著名的托兰斯创造思维测验（TTCT）量表，由美国明尼苏达大学的托兰斯（E. P. Torrance）等人于1966年编制而成，是目前应用最广泛的创造力测验工具之一，适用于各年龄阶段的人。[一]测量的基础是发散思维，它是创造性思维最主要的特点，是测定创造力的主要标志之一。它主要对流畅性、变通性和独创性三个指标进行测量。以下是一道测量题目：

要求：努力想他人之未所想。想出尽可能多的点子，为你的想法提供细节，让其完整。在规定时间内如果已经作答完毕，你可以继续为你的想法添加细节，或安静地坐着。未经允许不要做下一道题目。

题目一：文字题

对如图2-1所示的填充玩具进行改进，让它更好玩。（时间：3分钟）

图2-1 填充玩具

[一] 张崴，冯林，《创造力：发展与测评》，高等教育出版社，2016年版，第56页。

题目二：

假设人们眨巴眼睛就能把自己从一个地方运送到另一个地方，结果会出现哪些事情？（时间：3 分钟）

_____

_____

题目三：图画题

把如图 2-2 所示不完整的图画添加完整，并用你完成的图画讲述一个完整的故事，给你的图画起名。（时间：3 分钟）

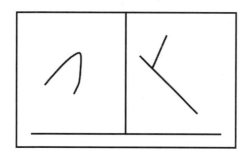

图 2-2　不完整的图画

_____

_____

3. 团队集体创新技法——头脑风暴法

团队的创新能力在创新创业中更为重要，有几种有效的团队创新思维方法，头脑风暴法就是其中重要的一种。头脑风暴法（Brainstorming）于 1938 年由美国人奥斯本（Osborn）首次提出。奥斯本也被称为现代创造学的创始人。"Brainstorming"原指精神病患者头脑中短时间出现的思维紊乱现象，病人会产生大量的胡思乱想。奥斯本借用这个概念来比喻思维高度活跃、打破常规思维方式而产生大量创造性设想的状况。头脑风暴法是一种集体产生创新设想的方法，其特点是通过开会的形式，让与会者敞开思想，使各种设想在相互碰撞中激起头脑中的创造性风暴，从而产生大量创新设想。

头脑风暴法的程序如下：

第一步：确立议题，组织讨论小组。将问题明确下来，根据解题需要，确立讨论小组成员，小组人数一般为 10~15 人，最好由不同专业或不同岗位人员组成；设主持人一名，主持人只主持会议，对设想不做评论；设记录员 1~2 人，要求认真将与会者的每一设想都完整地记录下来。

第二步：召开会议。时间一般为 20~60 分钟。如果是为获取大量的设想、为课题寻找多种解题思路而召开的会议，就要求与会者善于想象、语言表达能力强；如果是为将众多的设想归纳转换成实用型方案而召开的会议，要求与会者善于归纳和分析判断。

会议的程序如下：准备——热身——明确主题——畅谈——对设想初步加工整理。

奥斯本提出的头脑风暴法是一种典型的群体集智和激励法。为使与会者畅所欲言，互相启发和激励，达到较高效率，该方法规定了严格的原则，即与会者必须遵守下列四项原则：①自由思考原则；②延迟评判原则；③以量求质原则；④综合改善原则。

第三步：最终设想整理。会议结束后，小组有关人员再进一步整理设想，并将与会者的所有设想反馈给他们，这些与会者受到启发后，可能会提出更多的方案。

4. 六顶思考帽法

六顶思考帽法也是一种团队创新方法。它是英国学者爱德华·德·博诺（Edward de Bono）开发的一种思维方法。这一方法可以使人们混乱的思考变得更清晰，使团体中无意义的争论变成集思广益的创造，使每个人变得富有创造性。六顶思考帽就是把自己分为六个职业角色，在任何时候你都可以选择六顶帽子中的任何一顶戴在自己头上。之后，你就要扮演由这顶帽子所规定的角色。

这个方法要求你要把你选择的角色"演好"，而你的自我却隐藏在角色背后。变换帽子就是变换角色，用同一个头脑使用六种思维。每一顶帽子就如同构成彩图的颜色，各种颜色聚集一起时彩图就绘成了，最终就得到对事物的全方位思考。

六顶帽子扮演的角色和思维方式要求如下：

白帽（信息）：象征中立和客观，以事实、数据化信息或资料为焦点，是一种分析处理信息的技巧；它是中性的、客观的，只关心客观的事实和数字，做到实事求是，要求思维的科学性。白帽就是空白，就是不强加什么给大脑。

红帽（情感）：象征情绪、预感和直觉，以个人感觉、价值观为焦点，强调了在抉择时感性因素的意义；它是主观的、情感的，如生气、发怒、高兴等各种情绪，提供情感方面的看法，要求思维的情感性和敏锐性。红色一般代表吉祥、喜气、热烈、奔放、激情、斗志等。红帽要求思维中加入情绪、感觉、预感、直觉等非理性的东西。

黑帽（风险）：象征冷静、反思和谨慎，以探索事物的真实性、适应性、合法性为焦点，运用负面的分析，帮助人们控制风险；它代表忧郁、否定和批判性，讨论否定方面的问题——好的事情是否也有缺点，事情为什么不能这样做？

黄帽（利益）：象征乐观、前瞻和希望，以列举真实价值为焦点，运用正面的分析，帮助人们发现机会；黄色代表太阳和肯定，是乐观的，它满怀希望，从正面想问题，从不好的东西中发现好的一面。黄色一般代表智慧、想象力、创造力、知识、洞察力、说服力、信心、欢乐、希望、爽快、年轻、快乐、柔和、愉快、温和、光明和快活等。黄帽就是用推测和肯定、乐观的观点看待事物。

绿帽（创造）：象征创新和改变，以探求解决问题的可能性为焦点，从而获得创造性的解决方案；绿色代表茵茵芳草，代表生机勃勃、富足和茁壮成长，表示创造性和新概念，要求发散思维，要求思维的创造性和前瞻性。绿色总是象征着生命力、活力，象征创造、和谐。

蓝帽（控制）：象征冷静，也是天空的颜色，它居于一切之上，控制和调节思维，兼管其他帽子的使用，要求思维的深刻性。蓝色一般代表宁静、深邃、遥远、寒冷、忧郁、温柔、被动、梦幻、内在、智慧等。蓝帽表示对思考本身的思考，是对思考过程和其他思考帽的控制和组织。蓝色象征着整体观以及控制力，蓝帽思维以关注思维本身为焦点，帮助人们变换认知，也是高效主持会议不可或缺的技能。控制就意味着掌握如何独立地和系统地应用思考帽工具，应用思考帽的序列与组织方法，以及理解何时使用思考帽。

Step2：案例分析

VIPKID 的发展之路

1. 企业基本情况

VIPKID 是米雯娟于 2013 年年底创立的一家在线少儿英语教育公司，由长江商学院孵化，北极光、经纬中国、创新工场等机构联合投资，通过建立 1 对 1 实时在线视频学习平台，将中国学生和北美外教进行连接，帮助学生学习和掌握英文。VIPKID 不仅吸引了全球知名创投公司的关注，也是美国篮球巨星科比投资的第一个教育项目。目前，VIPKID 已成为全球在线青少儿英语学习知名品牌，拥有超过 50 万名付费用户和 6 万多名北美外教。

2. 创始人的发展历程

米雯娟除了是 VIPKID 的创始人之外，还担任公司的 CEO，同时也是立德未来助学公益基金会顾问委员会委员、北京外国语大学校董事会董事。17 岁时，米雯娟离开学校，和叔叔一起创办了一家传统的语言教学公司 ABC English。之后，米雯娟把业务推广到全国各地。那段时间米雯娟每天工作 14 个小时，然后还要花四五个小时自学英语。2010—2012 年，米雯娟在北京攻读长江商学院的 MBA。

在英语培训公司的这段工作经历让米雯娟产生了一个愿景，那就是用更好的方式、更低的价格帮助中国的少年儿童学习英语，让更多的人受益。但当时如何做，米雯娟还没有具体的想法。2013 年 5 月，米雯娟在上海看到了一家在线教育公司——多贝网。多贝网是一个远程在线学习平台，学生和老师可以在平台上完成远程教学和学习。米雯娟看到这个平台后大受启发，开始与多贝网开展合作，在多贝网的平台上面开展远程教学工作。

3. 项目的早期发展

起初，VIPKID 创始团队一共只有 3 个人；后来，朋友为团队介绍了 1 名技术人员，成为团队的第四个创始人；最后又通过招聘的方式聘用了 2 个做教研的老师，早期的团队基本成型。

VIPKID 最初只有 4 个学生：创新工场的李开复博士帮米雯娟找到了 3 个学生，联合创始人 Jessie 找来了自己的孩子。即便只是 4 个学生，一开始说服他们来上课也很难。之后，他们通过在微信公众号上面发宣传文章招募了 2 个老师和 20 个学生，开了一个免费的实验班。这个实验班就是 VIPKID 的项目原型。后来 VIPKID 每个月能增加 10 个左右的学生。到 2015 年 3 月，VIPKID 已经有 200 个学生了。

VIPKID 找到符合市场需求的产品前后共花了一年半左右的时间。在整个过程中，VIPKID 不断调试课程内容和技术平台，授课内容调整了 3 个版本，平台结构修改过 2 个版本。在打磨产品的过程中，VIPKID 参考了几个非常重要的参考指标，如效率（Efficiency）、成果（Effectiveness）、课程吸引程度（Engagement）。这些指标是 VIPKID 观察产品是否创造用户价值的基本参考。

在教师资源方面，VIPKID确保老师们对平台的排期是满意的，让他们认同授课的方法对老师是方便的，平台编纂的内容也是老师熟知的。对此，米雯娟说"我们是一个平台，而且我觉得做平台需要更多的责任感。因为我们要确保老师和学生两端都对我们的品质满意，只有他们成功了，我们才能成功"。

4. 经营创新及形成的竞争优势

回顾创业历程，VIPKID认为自己通过创新形成了独特的竞争优势。这主要源自以下四点：

（1）VIPKID拥有足够的以英语为母语的英语教师。创业初期，全国只有大约27000名来自北美的教师，这个数字相比于有需求的庞大学生群体，可谓是杯水车薪。众多的英语教育公司中没有多少来自英语国家的英语老师，即便有一些来自北美的"老师"，也大多是在中国游学的年轻人，不是真正的老师。

（2）VIPKID平台上孩子学习的内容非常有吸引力。孩子们更喜欢探索式的学习，用可以随时延展探索的工具更能抓住他们的注意力。例如，一个可以随时查找各种内容的线上图书馆更能抓住孩子的注意力。VIPKID的线上学习平台通过"浸入式教学"方式让孩子学习更专注。

（3）VIPKID是线上学习平台，拥有价格优势。线上学习不需要教室，节省了租金。因此，VIPKID降低了运营成本，并以此来降低课程价格。

（4）VIPKID提供了更加便利的学习方式。线上教学没有空间和时间的限制，因而可以节省学生在线下教学所花费的交通时间成本，家长也不需要送孩子去上课。这样VIPKID就为学生和家长提供了便利的学习方式。

▶ Step3：练习与应用

1. 你认为创业者素质和能力中最重要的几点是什么？
2. 什么是企业家精神？如何理解创业需要企业家精神？
3. 如果你要创业，计划组建团队，请列出组建的构想。
4. 采访一位正在进行创业的创业者或者已经经历创业的企业家，列出采访提纲，写出采访报告。

5. 观看《创业英雄会》《创业者》等创业者访谈节目的视频，写出你的体会和收获。

Step4：总结与反思

1. 理论的一句话总结

对内生创业者而言，创新思维能力、创新与专业结合的能力、创新与动手结合的能力是内生创业重要的潜质。创业精神与创业意识也同样重要，创业精神是以有限的资源追求无限的理想，真正的创业者并不仅仅追求个人的财富，而是追求自己的理想。所以，创业精神中至少包括：创新精神；冒险精神；脚踏实地与吃苦精神；坚持不懈的精神；热情、理想与情怀；合作精神。这几个方面尤为重要。

2. 推荐延伸阅读的文章和书籍

（1）卡伦. 创业简史——塑造世界的开拓者［M］. 王瑶，译. 北京：中国人民大学出版，2017.

（2）约翰逊. 创业者的真理［M］. 周雀，译. 北京：电子工业出版社，2015.

（3）清华 X-Lab. 从学生到创业者［M］. 北京：人民邮电出版社，2018.

第三节

把自己锻炼成内生创业者

> **导 语**
>
> 企业发展就是要发展一批"狼"。狼有三大特性:一是敏锐的嗅觉;二是不屈不挠的进攻精神;三是群体奋斗的意识。
> ——任正非

Step1:基本理论

1. 提升个人内在的创新品德

人的创新品德由很多方面构成,主要有强烈的创新动机、创新意识、创新精神、创新价值观,以及创新的意志、情感和个性品质等方面。具体包括:爱心、情怀、情感、温情;远大理想、雄心、壮志、勇气、志向;爱国,敬业,奉献精神;积极、乐观、豁达、不怕犯错;能坚持、有毅力、勤奋、不怕挫折;思维敏锐,有挑战性、敢怀疑、敢超越、不盲从、不偏执、不刻板等。其中,创新意识和创新精神是核心。

2015年5月,《国务院办公厅关于深化高等学校创新创业教育改革的实施意见》颁布实施。意见中提出:"明确本科、高职高专、研究生创新创业教育目标要求,使创新精神、创业意识和创新创业能力成为评价人才培养质量的重要指标。相关部门、科研院所、行业企业要制修订专业人才评价标准,细化创新创业素质能力要求。"

  按照通常的标准,可以将创新人才看作是由三种要素综合构成的,即知识积累、创新能力和创新品德,如图 2-3 所示。知识积累是指积累各类基础和专业知识,以及创新创业知识;创新能力是指创新思维能力、创新实践能力等;创新品德是构成创新人才极其重要的组成部分。因为它首先是解决"为什么创造""为谁创造""创造什么"等问题,对创新人才成长具有重大意义。只有具有创新品德,才有创新目标和实现目标的持久动力和热情,才不会放弃。甚至不会急功近利。一个人的创新动机来自哪里呢?创新动机一般都来更高的价值追求,诸如追求真理、改变世界、挑战自我,让人变得更加幸福。这种动机需要不断被激发。

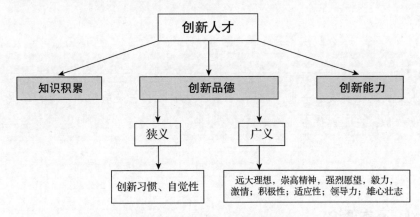

图 2-3 创新人才的构成要素

  有了创新动机,就产生了创新欲望和创新行动。而淡化社会理想,仅仅将创新理解为个人兴趣和爱好、个人的奋斗,则很难成为创新人才。这也是双创时代的社会发展需求的价值取向。今天倡导的"学而优",不仅是书本知识+学历证书,更重要的是人生态度的选择、个人价值取向的确立、自身独特资源的构成、事业心与开拓能力的养成。这是终身教育时代的核心要素。

  并不是每个创业者都能走远,大多数创业者都走不远。因为当创业脱离了乐趣和爱好,做的又不是擅长的事情,就没有足够的热情支撑创业项目走得更远。如果在内在气质上就输了半截,后劲儿必然不足。视野里有没有一个不同于这个行业的管理的经济引擎,决定了你是否具备这样一种精神气质。

  就内生创业而言,应该做的不是从社会热点出发,而是反观内心,从自己出发。

问问自己,这样的创业项目,你是否喜欢,是否有雄心,是否能够干到最好,是否有足够的热情。并且,尽量选择那些有差异性的、可识别的项目去做,因为战略的本质就是与众不同。

2. 强化内生创业的动机

创业是一种在创业动机驱使下的行动。创业动机是人为实现创业目的而行动的原因和动力。行为心理学告诉我们:"需要产生动机,进而导致行为。"动机是个体的内在过程,行动是这种内在过程的表现。而引起动机的内在条件是需要,引起动机的外在条件是诱因。内生创业的创业动机是指引起和维持个体从事创业活动,并使活动朝向某些目标迈进的原因。这个动因就是创新。简单而言,内生创业的创业动机就是有关创业的原因和目的,即为什么要创业的问题。也可以将创业动机理解为是鼓励和引导个体为实现创业成功而行动的内在力量。

内生创业的直接动机就是创新需要和创新成果市场实现的需要。这些需要是推动个体或群体从事内生创业实践活动的内部动因,使创业者有了一种积极心理状态的内驱力,具有较强的选择性、倾向性和主观能动性。动机有强弱之分,动机过弱不能激发创业的积极性,而动机过于强烈,会产生不必要的巨大压力,影响心理健康和判断力,产生挫败感后可能反而对创业失去兴趣。

创业行动与创业动机的类型有关。对于不同的人,一种行动的动机是多样的。创业的动机大致有两类:一类是事业成就型动机,也可以说是创新成就型动机,主要包括通过创新来改变世界、挑战自我、获得成就认可、成为成功人士、实现创业想法;另一类是生存需求型动机,主要包括不满现有薪酬收入、提供经济保障、希望不再失业等。

创业动机直接影响到创业决策和行动,所以,在创业开始之前,需要评估自己的优势和劣势,看看自己是否具备创业的素质和能力,从而做出理性的创业决策。可在认真思考后回答以下问题,来初步判断自己是否能做出开始创业的决策:

(1) 你适合创业吗?
(2) 你能长时间保持创业激情吗?
(3) 你的身体和精神状态适合创业吗?

(4) 你的家庭支持你创业吗？

(5) 你准备承受创业初期的风险了吗？

内生创业的表现形式是创新型创业，具体又分为三种类型：产品和服务创意驱动型、技术驱动型、商业模式创新驱动型。产品和服务创意驱动型是从一项创意出发进行创业尝试，是创业者利用自己或他人新颖构想、创意、点子、想法进行的创业活动。这类创业大都集中于网络服务、手机 App、艺术、装饰、教育培训、家政服务等新兴行业。创业者的设想能够标新立异，在行业或领域里产生创新，资金需求量相对不高。

从创新角度看，顾客需求是任何创新和创业活动的根本要求和动力，没有需求的创新和创业活动都是没有价值的。产品和服务创意型创业活动，一方面可以从当前市场角度出发，通过一系列的技术创新，为顾客提供质量更高、性能更好的产品和服务；另一方面，也是特别重要的一个方面，知识经济拓展了工业经济时代人类需求的范围，新的需求不断衍生，所以创业的一个重要实现途径就是顺应时代潮流，积极探索和开辟新的需求。而为了满足需求，最初的设想一般都带有创意性质。

技术驱动型创业是指创业者以自己拥有的专业特长或已有技术成果为核心竞争力来进行的创业活动。创业者具备某一专业（技术）特长，或研制成功一项新产品、新工艺，同时发现潜在市场或利润空间，将拥有的专长或技术发明发展成新创企业，并成功推向市场。也可以说，技术驱动型创业是创造市场价值的机会型创业，但在实际操作中，技术成熟度、组织创新、风险投资等对其支持非常重要。

当然，内生创业并不是仅仅注重技术创新，它同样也特别关注非技术创新，如商业模式创新等。商业模式创新驱动型是创业者根据全新的运营理念或创新构想，探索新的经营模式的创业活动。这种创业模式一旦成功，创业者将拥有先发优势。如果在创业过程中相关互补性资源迅速跟进，可以成为新辟市场的领导者，拥有标准和定价权。此类创业需要创业者具有敏锐的市场眼光、独特的个性特征和旺盛的创业欲望，善于洞察商业机会并敢于冒险，是一种具有开创性价值的创造型创业。

新的历史时期，新的业态不断诞生，这不仅仅来自技术的进步，人类社会文明的进步和财富的积累所创造的新的需求更为关键。新的需求可能来自已有技术、产品和服务的组合，商业模式创新驱动型创业成功要求创业者具有全新的思维模式和资源整合能力，才能实现开辟全新"蓝海"的梦想。

3. 掌握创新方法

首先是养成创新意识和习惯。创新意识就是一种将创新变为内在习惯和自觉行为的思想意识。除了敢于创新外，还要善于创新，即改变思维方式，学会克服思维障碍，以创新性思维方式进行思考。此外，要想创新，更重要的是掌握创新方法和技巧。

据统计，一个商业上取得成功的产品需要3000个原始想法。如此低的效率在其他领域难以接受，但在创新领域很平常，因为创新是很困难的，所以高效的方法就显得格外重要。

创新有方法吗？这种方法能够被掌握吗？如果让你将一根钉子钉到木板上，你会怎么做呢？你会想到用锤子把它砸进去，也可以用螺钉旋具，还可能用射钉枪。当没有这些工具的时候，你可能"就地取材"找一块砖头或石头，甚至可以用你的手机来砸……但一般来说，你不会选择用你的手掌来"拍"钉子。这给我们两点启示：第一，如果没有"工具"可以选用，像"钉钉子"这样简单的实践活动都是难以完成的；第二，采用不同的方法、选择不同的工具，完成同一实践活动的效果、效率、成本与代价常常会存在较大差别。

对于创新，也同样有这样的结论：第一，如果没有"工具"可以选用，则"创新"难以完成；第二，采用不同的方法、选择不同的工具，完成同一"创新"的效果、效率、成本与代价存在较大差别。正如《论语》所说："工欲善其事，必先利其器。"创新也需要"利其器"。

在漫长的人类发展历史中，曾产生过无数的创造发明，涌现过无数的科学家、发明家，他们的创新实践、创新经验和所取得的丰硕成果，对后来的创造者具有重要的借鉴意义。而创新方法正是从前人成功的创造经验中总结出来的，并被用于实践而得到证实的方法。常用的创新方法体系如图2-4所示。创新方法之所以具有多样性，无非是让人从不同的角度思考，启发人们产生创新设想。

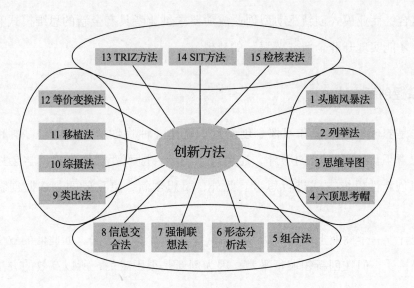

图2-4 常用的创新方法体系

4. 学以致用,知行合一

创新创业本是一种实践活动,想要创新创业,自然离不开实践。很多人每天都会产生大量的想法,很多想法也具有创意,但是如果不去实践,则不会产生真正的创新。愚公说移山,如果只是嘴上喊喊口号,恐怕那座山至今还在那里呢!"愚公移山",既要看目标,更要看行动。立志不在嘴上,而在行动上,凡事只有付诸行动才能成为巨人。不能做思想的巨人、行动的矮子。

1508年,心学集大成者王阳明在贵阳文明书院讲学,首次提出知行合一说,阐述了认识和实践的关系。"知",主要是指人的道德意识和思想意念;"行",主要是指人的道德践履和实际行动。因此,知行关系,就是指道德意识和道德践履的关系,也包括一些思想意识和实际行动的关系。"知行合一"思想具体包含两层意思:一是知中有行,行中有知。王阳明认为知行是一回事,不能分为"两截"。从道德教育上看,王阳明极力反对道德教育上的知行脱节及"知而不行"。二是以知为行,知决定行。王阳明说:"知是行的主意,行是知的工夫;知是行之始,行是知之成"。意思是说,道德是人行为的指导思想,按照道德的要求去行动是达到"良知"的工夫。在道德指导下产生的意念活动是行为的开始,符合道德规范要求的行为是"良知"的完成。

Step2：案例分析

神经生物学博士的动漫创业之路

1. 企业基本情况

火山映画公司由徐慎君等人于2015年4月创立。2015年第一部漫画IP《一品芝麻狐》面世，年底获得百万级天使融资，投资方为韩寒创办的亭东影业和方励个人；2016年与全美最大的毛绒礼品公司Gund合作开发"一品芝麻狐"卡通玩偶；2017年3月，公司完成了Pre-A轮融资，估值过亿元。

2. 创始人的创业动机

徐慎君于2012年在英国拿到神经生物学博士学位后回国，一开始在国内一家著名的医院做技术研究工作。在2014年年底，他觉得实验室工作完全不适合自己，加上之前在英国做过一段时间投资咨询行业相关工作以及社会活动，于是从2014年开始投身天使投资。这期间他曾参与和发起包括生物医疗、智能制造、生活方式、机器人等多个领域的创业项目，积累了丰富的创业和管理经验。

火山映画是徐慎君前期投资过的一个小团队，合伙人也是很好的朋友。从投资到加入火山映画成为联合创始人，一方面是徐慎君出于自己对影视文学作品的喜好，很欣赏火山映画创作的东西；另一方面是由于火山映画的创始人之一是一位纯粹的影视创作者，希望把所有精力贡献于创作，但其他的商务交往分散了他的很大一部分精力和创作注意力。基于双方的良好关系、投资的基础以及对影视作品共同的品位，徐慎君决定投身这个团队中，开始了在影视动漫领域的创业。徐慎君认为就客观环境而言，中国风漫画在动漫市场上并不多见，虽然这个概念提了很久，但往往呈现出的是"美式中国风"或"日式中国风"，真正的中式中国风漫画似乎还是个缺口。结合之前学习和工作的经验，他想尝试通过借鉴严谨的科学实验项目管理方法论，运营公司品牌，要走具有火山映画特色的中国原创动漫文化内容开发之路。

3. 如何看待跨行业创业

虽然与自己的学业背景相去甚远，但是徐慎君认为，在大学中的学习，其实是学习能力的体现，学习的内容和知识是一部分，另外更重要的是学习能力。尤其是在博士阶段,更多的是学习方法论,基础是一致的,运用发散取决于自己学习能力、信息获取和信息整理能力,将这几个能力结合起来可以把方法论的东西做调整。自己也是从小的项目做起,与管理科学实验类似,还是提问—管理—解答问题的流程。

4. 创业过程

徐慎君谈及创业的初衷,说是源于对动漫的喜爱以及与合伙人诸多艺术碰撞和喜好上高度一致的价值观。

徐慎君认为,自己的创业项目和其他的不太一样,要做差异化竞争。当时他看到了市场空间:中国风的动漫已经火了一段时间,但市场终究没有找到中国风的根本。在像《大圣归来》《功夫熊猫》等作品其实是一种"美式中国风",同时大家看到的很多是"日式中国风",这也是因为日本的动漫发展得非常早,感觉上容易先入为主。中式中国风究竟在哪里,是他最想寻找的东西。徐慎君觉得目前还没有找到真正的中式中国风,主要是因为没有像火山映画这样的团队找到合适的切入口。未必是别人没有找到,而我们找到了,有可能别人找到了,但觉得不是市场的需求。市场接受度是公司最大的挑战,找到了差异化,市场的接受度如何,能否支撑公司继续前进都是问题。但是总要有人做尝试,有可能别人找到了但是放弃了,而火山映画觉得这是可行的路。加上徐慎君与其他创始人的这个组合和其他团队相比,是不一样的:偏向理性的项目管理方法和偏向感性的创作者之间的碰撞可能不一样,由于不同的学术背景,对整个事件的理解和看法都完全不同,再加上很长时间国外学习,大家的视角、视野也不一样。

火山映画在2015年年底就获得了亭东影业的天使轮投资。在公司创立初期,韩寒的参与和支持给这个初创团队带来了很大的信心。成立仅四个月,火山映画团队便推出了《一品芝麻狐》,凭借可爱的漫画形象、爆笑的故事情节以及浓厚的中国风,俘获千万粉丝。目前,火山映画的盈利仍以图书版税为主。徐慎君解释说,因为创业初衷是做自己的内容,所以成立前两年公司的重心一直放在创作方面。"养活自己其实问题并不大,而且只要愿意,我们也可以接很多影视概念设计的工作,盈利会很可观。但这就与我们做原创优质内容的初心相悖了。"2017年是火山映画成立第三年,除图书版税外,团队也开启了衍生品开发、IP授权等多元化变现的尝试,并且全面开始影视开发和制作。2018年,公司有两部在开发中的网络动画剧集,一部是4~12岁偏低龄的动画,另一部是偏成人的纯动画电影,另外还有一部真人实拍+动画CG合成的电影也在制作过程中。这是产品升级的一年，产品的内容会逐渐走向大屏幕。

5. 创业意味着什么？

徐慎君觉得创业以来，自己比以前更果断了。之前不管在学习工作的过程中，都不会遇到一天做好几十个决定的时候；而创业以后，自己不得不面对这些。直觉和经验相结合，他发现自己变得更敏锐了，在某些层面的分析，小的决定怎么做，大的决定怎么做，已经有了一套相应的思维逻辑和方法论，做出每一个决策也更加快速和果断。

6. 对大学生创业的看法

公司目前80%的员工都是毕业生，其中60%的员工进入内容研发团队，主要是动画、雕塑等与美术电影相关的专业。但是这是由行业因素决定的，不具备代表性。

公司在招聘毕业生的时候，更看重专业功底和技术，没有经验反而最好，能很快融入公司的体系。公司需要技术背景，但是不需要有多么丰富的经验，因为很多经验未必是好的经验，公司可以从头开始培养员工的美学体系和价值观。目前公司也是走以内部孵化为主、外部签约为辅的发展之路。艺术家其实是很难达到高产的，从毕业开始培养，对公司未来的长期发展也是有帮助的，能够不断了解员工的优点和长处，加以提炼，不断开发他们的闪光点，并帮助他们做自己的项目经理。

徐慎君以自己上学的经历考虑现在的大学生职前培养：目前我国很多大学生，甚至读完硕士、博士，还是不知道自己想要什么。所以，大学生要进行不断的尝试，自己寻找各种实习的机会，找到自己究竟喜欢什么，适合做什么。在实习过程中也要进行思考，不要为了打工而打工，而要不断地复盘和自我总结，最终找到自己的职业方向。

Step3：练习与应用

分析以下两个案例，并回答问题。

2010年1月12日海地发生7.0级地震，城市几乎完全被毁，统计死亡人数高达30万人，无家可归者超过130万人。美国哥伦比亚大学的两个建筑学硕士安娜·斯托克（Anna Stork）和安德莉亚·斯雷什塔（Andrea Sreshta），作为志愿者前往灾区。在参与救灾的过程中,她们发现虽然水和食物等避难物资陆续进入灾区,但难民营缺乏夜间照明。

回国后,这两位学生决定设计一款适合灾区的灯具,要区别于传统的手电筒。为此两人整整花了3年时间,巧妙地利用太阳能和LED灯,设计出第一款充气式太阳能户外应急灯——LuminAID。该应急灯选用环境友好的TPU耐穿刺材料,不仅轻便到仅有82g,其外形在未打开时更像一部小巧的手机。由于采用了高效的薄膜太阳能,在太阳底下照射7小时就能充满电,而最长可以获得30小时的照明。这样一项便携、实用又强大的发明,让无数灾民在黑暗中见到了希望与光明。两人也因此在国际上揽获众多荣誉。

上述案例中,两位大学生能够完成创新项目,主要是具备了什么品质?

2001年,教育部和中国科学技术协会共同启动了一项具有划时代意义的科学教育改革项目,命名"做中学"(Hands-on Inquiry Based Learning),国际上统称为探究式教育。项目吸取了美国"Hands-on Inquiry Based Learning"和法国"LaMainalaPate"(即"动手做")等国外项目先进的经验,从生命科学、地球和宇宙科学、物理和物质科学、技术和工程四大自然科学领域,培养学生的观察能力、解决问题能力、创新能力、表达沟通能力、合作能力、思维能力和社会情绪控制能力,让学生主动学习,提高学习效率,实现素质教育目标。这种"做中学"的方式正是创新创业所倡导的,对创新创业实践同样有效。

你怎样用"做中学"的方式进行你的创业规划呢?

▎Step4:总结与反思

1. 理论的一句话总结

天生奔跑能力强的人跑得最快,但是如果设计了四轮滑冰鞋或自行车,借助这些工具的人就会比那些天生奔跑能力强的人更快。同样,创新创业能力也是如此,训练有素者更具优势。当第一次骑自行车的时候,你会觉得很困难,即使走路也比骑车方便得多,但当学会之后,你又会觉得骑车很简单、方便。任何技能,包括创新方法(工具)在内的使用也是同样的道理。开始的时候,会觉得很笨拙、不自然,但是随着技能和方法的熟练应用,就会越来越容易。那些看似复杂的工具名称成了驾驭自己思维的便捷手段。

2. 推荐延伸阅读的文章和书籍

(1) 马旭晨. 创新创业工具箱 [M]. 北京:机械工业出版社,2018.

(2) 何建湘. 创业者实战手册 [M]. 北京:中国人民大学出版社,2015.

(3) 蒂尔,马斯特斯. 从 0 到 1:开启商业与未来的秘密 [M]. 高玉芳,译. 北京:中信出版社,2015.

第三章
重要的是发现问题

创新创业实战教程

第一节 创新创业的起点是问题

第二节 发现问题的方法与工具

第三节 如何寻找"风口"——发掘、评估创业机会

第一节

创新创业的起点是问题

> **导 语**
>
> "提出一个问题往往比解决一个问题更重要。因为解决一个问题也许仅是一个数学上的或实验上的技能而已,而提出新的问题、新的可能性,从新的角度去看旧问题,却需要有创造性的想象力。"
> ——爱因斯坦

▶ Step1:基本理论

1. 发现问题,确立创新选题

创新创业的第一步是发现问题,在此基础上提出课题。所谓问题,就是个人不能用已有的知识经验直接处理并因此而感到疑难的情境。世界上问题处处时时都存在,只是大小难易和复杂程度不同、表现形式不同。问题在不同领域有多种表现形式。在科学领域,问题常常是疑问与怀疑、主观与客观的矛盾,即要求回答"为什么";在技术领域,问题常常表现为需要解决的困难、目标与手段之间的矛盾;要回答"怎样",而在生活中和商业活动中,问题常常表现为需求,即理想与现实的矛盾、目的与手段的矛盾。

任何时代、任何民族以及有所追求的任何人,都是在不断提出问题、解决问题的过程中发展进步的。马克思曾指出："每个时代的谜语是容易找到的。这些谜语都是该时代的迫切问题……问题是时代的格言，是表现时代自己内心状态的最实际的呼声。"将零星的问题进行分析和系统思考就会产生课题，一些有难度的课题就成了创新选题和创新课题。针对提出的课题进行深入研究，一旦得到解决方案，这个解决方案可能就是创业机会。因此，有时候提出问题，就可能直接产生了创业机会。

然而，并不是所有人都能够提出问题。现实生活中，很多人不愿提问、不敢提问，即使想提问但提不出问题，或者提出的问题没有实际意义，这都是不善于提问的表现。因此，提出问题并不是一种常规思维，它需要打破常规，需要克服自身的思维障碍，挑战自我。所以，从一定意义上讲，提出问题本身就是一种创造性的活动。⊖

内生创业是从课题确立开始的，这也称为选题。所谓选题，就是形成、选择和确定所要研究和解决的课题并进行研究的过程。由于选题是由已知判定未知、预测未知，不确定的因素很多，所以首先要有问题意识，要有发现潜在需求的敏锐性。问题意识是人们对存在问题的能动性、探索性和前瞻性反应，是人们将发现问题、提出问题变成个人的内在习惯和自觉行为，是对"主动发现问题、找准问题、分析问题"的自觉意识。同时，提出问题还需要有远见卓识和有效的选题方法；更需要对相关的知识背景有较为全面、透彻的了解，并能够对各种问题进行分析、比较、评价和筛选。

2. 创新课题的表达方式

为了使提出的课题清晰明确，需要将需求和问题、疑问、要求等用一种标准的表达方式来表达课题，其形式是"研究对象＋研究内容"。也就是说，课题表达要有两个要素：前一项是研究对象，这一定是明确的，如研究雨伞、研究润滑油等；后一项是研究内容，通常是对实际问题或期望的描述，如使用不方便问题、不安全问题、防冻问题、自动调节等。

例如，以下是一些标准的课题表述形式：

抽油机减速箱润滑油＋冬季防冻问题研究。

折叠雨伞＋方便骑车时使用问题研究。

⊖ 爱因斯坦，《物理学的进化》，上海科学技术出版社，1962年，第3页。

雨伞＋不便手持的问题研究。

手电筒＋亮度自动调节问题研究。

新产品＋扩大销售的问题研究。

课题表达要遵守以下三个原则：① 课题表达要完整和明确；② 针对选定研究对象存在的问题和矛盾，不要奢望一个课题解决很多问题，要尽可能缩小具体问题，问题越聚焦越好，因为问题可能是整个系统的问题，但多数情况可能是内部子系统的问题，如生产生活中需要改善的各种设备、零部件、工艺等；③ 要尽可能熟悉和掌握研究对象的内部结构和工作原理。

例如，外卖配送员在送餐过程中偷吃的新闻屡屡发生，这让不少顾客担忧，于是有人就提出问题：如何在送餐过程中保证食品安全？即提出如下需求：保证餐盒内食品安全。标准的课题表述为：餐盒安全问题研究。为此，外卖平台饿了么费了不少心思，推出了一款高密封性和高安全性的"安全餐盒"。设计师在餐盒盖子上设计了一个卡扣，餐盒与盖子闭合后就会被卡扣紧锁，想要打开盖子就必须折断卡扣。如此一来，顾客便能通过卡扣的完整性来辨别外卖是否被打开过。如果卡扣被折断了，顾客可以拒收或者上传图片到平台进行申诉。

3. 问题的深挖

解决问题的第一步是分析问题、定义问题，即把问题当作一个研究对象来审视和研究。而分析问题的最好方式就是对问题进行分解和深追，要去追问：问题包括哪些方面？问题的实质是什么？问题表达得恰当吗？还能有新的表达吗？问题是什么原因引起的？原因背后的深层原因又是什么？等等。问题一定是原因和结果链条中的一环，因此，因果分析是全面识别问题的分析工具。它从系统存在的问题入手，层层分析形成问题的原因，直至分析到最后不可分解为止。这样可以帮助人们更深入地认识问题，以便找到问题的深层原因，找到更多的解题突破口。

一个问题的根本原因与结果之间总是存在一系列因果关系，构成一条或多条因果链。而通过因果分析，构建因果链，进而分析事件发生的原因和导致的结果。所以，因果链分析的目的包括：①可以发现问题产生的根本原因；②可以发现问题产生和发展过程中的"薄弱点"；③为解决问题寻找入手点。

英国流传着一个故事。亨利·都铎继承了父亲爵位，被称为里奇蒙德伯爵。1485年，他与篡权的英王理查三世在博斯沃思展开决战，这场战斗将决定谁统治英国。理查三世让一个马夫去给自己的战马钉马掌，铁匠在钉到第四个马掌时，差一枚铁钉，铁匠便偷偷敷衍了事。不久，理查三世的军队和对方交上了火，在大战中，他的一只马掌忽然掉了，影响了马的速度，结果这位国王被敌方掀翻在地。最终理查三世被亨利·都铎打败，王国也随之易主，亨利·都铎后来开创了英国历史上辉煌的都铎王朝时期。由于这个典故，英国流传出一首著名的民谣："少了一枚铁钉，掉了一只马掌；掉了一只马掌，丢了一匹战马；丢了一匹战马，败了一场战役；败了一场战役，丢了一个国家。"

这首民谣实际上就是一个因果链，它把一个国家的灭亡描绘得惟妙惟肖。令人惊叹的是，改朝换代是果，而最初的因竟然是少钉了一枚铁钉，但这恰巧又是国王骑的马的马掌上的铁钉。

丰田自动织机的创立者丰田佐吉认为，他成功的秘诀在于"碰到问题至少问5个为什么"。该方法要求对一个问题连续以5个"为什么"来发问，以追究其真正原因，这种方法称为"五问法"。其名称虽为"五问"，但使用时不限定只做"5次为什么"的探讨，主要是必须找到真正的原因，有时可能只要3次，有时也许需要10次。

人们通常发现问题之后，得到的结果可能是可以直接解决的根本性问题，也有可能是浮在表面的浅层问题，并未有效触及问题的本质或者解决问题的突破口和切入点。"5个为什么"方法不仅能够抓住深层问题，也能促进恰当地定义问题。连续追问，即不断提问"为什么前一个事件会发生"，直到回答"没有好的理由"或直到一个新的故障模式被发现时才停止提问，从而解释根本原因，以防止问题重演。最后，演绎过程中所有带有"为什么"的语句都会定义真正的根源。

例如，丰田汽车公司前副社长大野耐一曾举了一个例子来说明找出停机的真正原因。一段时间公司生产线上的机器总是停转，工人虽然修过多次仍不见好转。于是，大野耐一与工人进行了如下问答：

问："为什么机器停了？"

答："因为超过了负荷，保险丝就断了。"

问："为什么超负荷呢？"

答:"因为轴承的润滑不够。"

问:"为什么润滑不够?"

答:"因为润滑泵吸不上油来。"

问:"为什么吸不上油来?"

答:"因为油泵轴磨损、松动了。"

问:"为什么磨损了呢?"

答:"因为没有安装过滤器,混进了铁屑等杂质。"

经过连续五次不停地问"为什么",大野耐一和工人们找到了问题的真正原因和解决方法,即在油泵轴上安装过滤器。

如果没有这种追根究底的精神来发掘问题,很可能只是换一根保险丝了事,而真正的问题还是没有得到解决。

4. 从需求到问题

创新创业起步阶段,从哪里入手发现问题呢?最简单的办法是从需求入手,因为需求与满足需求之间是有一定的距离和差异的,弥补这个距离和差异就形成了问题。于是,需求就转化为与人的工作和生活密切相关的问题。事实上,问题和需求是难以分割的,问题引导创新与需求引导创新本质上是一致的。问题是针对需求而言的,是一种对需求的直观表达方式。全面、准确地获取并分析用户需求是进行创新或进行产品设计的关键。

需求代表一种不平衡,是用户对产品的期望状态与产品的实际状态的差距。期望状态是主观领域的概念,是指用户主观上对产品功能的期望,它不仅包含用户对产品的功能期望,也包含用户对产品的设计约束期望。

在创业领域,人们常常用"痛点"这个词形象地表示问题和需求。对于产品来说,痛点多数时候是指尚未被满足而又被广泛渴望的需求,在有些情况下,也直接指代需求。痛点是一个组织或个人想解决而无法解决的难题,一切困扰组织、个人,生活、生产、经营、发展的问题都可以成为痛点。[一]

[一] https://www.zhihu.com/question/22714572/answer/22383877

美国心理学家马斯洛（Abraham H. Maslow）在 1943 年出版的《人类动机的理论》一书中提出了需求层次论。他认为人的需求可按重要性和层次性排成一定的次序，从基本的（如食物和住房）到复杂的（如自我实现）。马斯洛的理论把需求分成生理需求、安全需求、社会需求（交往需求）、尊重需求和自我实现需求五类，依次由较低层次到较高层次；当人的某一级的需求得到最低限度的满足后，才会追求高一级的需求，如此逐级上升，成为推动继续努力的内在动力。

需求层次论为人们寻找需求提供了一个思考框架。例如，从生理或生存需求，会想到方便、辅助智能、随身带、多功能、灵活收放、舒适、提醒、帮助计算、遥控等需求；从安全需求，会想到健康、防盗、防骗、治疗、救援、消毒、养生等具体需求。当然，马斯洛的理论毕竟是在 20 世纪 40 年代提出的，在今天可能不一定完全适合了。今天，人们的交往需求已经越来越下移成为一种基本需求，这一点从各种社交网络和移动社交平台不断出现就可见一斑。

5. 需求是创造出来的

当然，创新创业者不能仅是被动地研究社会的需求，更要主动地创造需求。有一句名言："需求永远是创造出来的。"而内生创业更关注如何创造需求。因为在不少情况下，人们并没有明确的或强烈的社会需求，却有了某些新技术发明。例如，有些技术发明来自科学实验的扩展，有些来自游戏、玩具、幻想和偶然的机遇，如并不是由于人们有了看电视的需求之后才发明了电视机。在另一些情况下，则是虽有明确和强烈的需求，却没有相应的技术发明出现。

苹果公司的创始人乔布斯每次接受采访，都会被问到为什么不做市场调查。乔布斯回答说："消费者并不知道自己需要什么，直到我们拿出自己的产品，他们就发现，'这是我要的东西'。"乔布斯的成功证明了他的上述想法有一定的道理，但一个成功的产品一定是迎合消费者需求的，而乔布斯的这句话是建立在"消费者不知道自己需要什么"的基础之上。这两种观点是否相悖？如何理解呢？

在《乔布斯传》中，乔布斯对此是这样看的，他说："消费者想要什么就给他们什么。那不是我的方式。我们的责任是提前一步搞清楚他们将来想要什么。"那么，伟大的产品来自哪里呢？乔布斯说："伟大的产品来自两个方面的结合——科技方面和消费者方面，两者你都需要。消费者不知道现在的科技可以做什么事情，他们不会去要他们认为不可能的东西。'消费者想要什么就给他们什么',这句话听起来是很有道理的,但是通过这种方式,消费者很少会得到自己真正想要的东西。但是也不能太专注于技术了,这需要技术方面和消费者方面很好地融合,这需要很长时间的磨合,不是说一个星期就可以的,你需要花很长时间搞清楚消费者想要的究竟是什么,而且你还要花很长时间搞清楚现在的科技处于一个什么样的水平。"

6. 同理心思维与换位思考法

需求看似容易被发现,实际上并非如此。发现需求是产生创新的必由之路,也是很难走完的路。因为需求具有无限性、多样性、社会性、潜在性、多变性等特征,发现需求需要一定的方法。如何发现需求和分析需求呢?腾讯创始人马化腾曾给创业者一个忠告:专注一个小痛点。总有一些小的痛点让你觉得平时不方便,想想能不能用互联网的方式来解决这个问题。这样,你就有一个跟进在里边。例如,能不能用手机解决停车、找停车位的问题,或者其他一些小问题,如考勤、学校的作业安排等。

有人曾问马化腾,腾讯的很多产品都是针对年轻人,你已是"70后"了,但你的很多产品是给"80后""90后",现在是"00"后用。通过什么方式理解这些年轻人,让他们喜欢你的产品?你有团队在设计,但最后还是需要你来决定方向,你怎么能跟上这些年轻人的想法呢?

马化腾回答说:"当初创业时我们还年轻,那时候把握用户是没有问题的,但是现在岁数大了,有些产品我们用过觉得好像没意思,但后来在国外很火,美国的青少年特别喜欢。我们错过很多机会,包括现在国内一些新兴的多媒体,或者一些社区的创业,都有错过。岁数大确实错失了很多年轻人的触觉。"最后,马化腾将自己的办法总结为:如果自己不能解决的,应该让了解的人去做。可以多与年轻的用户接触,观察他们,了解他们的需求。也可以通过投资的方式去投这样一个企业。此外,让更年轻的员工能够更快速地走上来。

上述方式实际就是换位思考。设计思维中的一个重要方法就是"同理心思维",即必须始终将用户放在首位,深入理解他们的感受,探索他们的潜在需求,是创新的关键所在。设计思维原本就强调以人为本的创新方式,即像设计师那样思考并实践。同理心(Empathize)也可译为"移情"。去当一次用户,体会用户有些什么问题,把自己的感情转移到用户身上。

要做到有同理心，就要履行三点：第一是观察（Observe）。这里说的观察不仅仅是观察用户行为，而是把用户行为作为其生活的一部分来观察。除了要知道用户都做得了什么，怎么去做的，还要知道为什么，他的目的是什么，要知道他这个行为所产生的连带效应。第二是吸引（Engage），意思是"被××所吸引"，即与用户交谈，做调查，写问卷，甚至是以非设计师或者非研究者的身份去与用户"邂逅"，然后尽可能地了解用户的真实想法。第三是沉浸（Immerse），意思是要去体验用户所体验的。

7. 一种发现需求的方法——同理心地图

为了使人们有效分析同理心，设计思维提供了"同理心分析工具"——同理心地图（Empathy Map），也称共情图、同理心画布。它是一种发掘需求和发现痛点的工具，要求使用者从如下 6 个方面提问并给出解答：①你听到周边人说了什么？②你看到了什么？③你的想法或感觉如何？④你对此有哪些回应？⑤你感到的痛点、痛苦是什么？⑥你的期望和需求是什么？用笔写在卡片上，并贴在地图的相应位置上，便于大家讨论思考。同理心地图如图 3-1 所示。

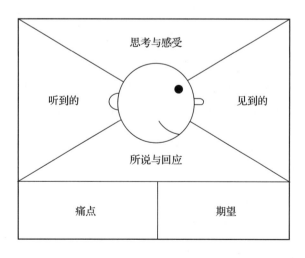

图 3-1 同理心地图

Step2：案例分析

喵印云打印的产品创新

1. 企业基本情况

厦门喵印网络科技有限公司（简称喵印）成立于2017年，创始人是胡清臣。喵印是新一代智能云打印解决方案提供商，主营云打印SaaS（软件即服务）平台，产品包括硬件终端机、移动端小程序、后台管理系统等，通过打印盒改变传统打印市场。云打印模式可以实现用手机完全控制打印机，进行一键化智能打印，真正实现智能办公。2018年，公司获得战略投资。

2. 喵印的产品想法

胡清臣的创业想法来自一次实地打印中受到的启发。在一次漫长的排队打印文件的过程中，胡清臣感到传统的打印操作需要使用U盘，通过计算机打印文件需要先安装打印驱动，流程非常烦琐；而且传统的物理存储方式容易造成物理泄露，异地登录QQ、微信传送文件又会影响账号安全；市面上也很难找到公共打印设备，情急之下很难找到打印店。在发现了传统打印行业的痛点之后，他开始思考，并决心通过硬软件结合的SaaS平台来推动传统打印行业升级。

胡清臣的创业合伙人是在互联网上认识的。2013年，胡清臣通过人人网认识了以刘靖康为主的南京大学创业小伙伴，进入了互联网开发领域。胡清臣在高二的时候就开发了一个网站，尝到了互联网的甜头。也因他良好的社交能力，结交到了在网络安全、PHP、架构等方面有丰富经验的方鑫和在硬件设计、供应链领域工作多年的杨帆。这些技术人才的加入促成了喵印的诞生。

3. 喵印的产品布局

2017年年底，喵印的产品进入市场。喵印进入云打印市场不算早，属于新军，市面上先后涌现的云打印公司至少有上百家，喵印面临着不小的竞争。

胡清臣知道"战况"有多激烈。作为打印行业的新军，他分析道："校园市场的云打印服务提供商已经很多，若想要分一杯羹，已经很难了。此外，校园代理难以规范管理，代理商多数是学生，有课业负担，不如公司行政人员容易沟通。最后就是重资产模式的风险过大、回本周期缓慢，对于一家没有资金底气不足的新公司而言，容易被资金拖垮。"所以，他一是选择了避开重资产的模式，转型云盒子；二是把产品投放在自己更为熟悉的联合办公空间，暂时不直接与巨头硬碰硬。所幸的是，从结果导向来看，胡清臣的思考目前被市场验证是正确的。差异化竞争的方式，通过携手优客工场等地产、物业相关的合作伙伴，喵印已经建立起了办公领域的"护城河"。从统计数据看，喵印现联通了优客工场的现有160家社区，服务用户超过15万人，入驻企业数量超7000家，已经做到了联合办公领域铺设量第一。

4. 喵印的产品升级

经过迭代，喵印已经发展到了第三代产品——喵印智能打印盒。简而言之，一台普通的打印机连接上智能打印盒，就能让原来的普通打印机变成智能打印机。它摆脱了原本打印机安装驱动的烦琐程序，不依赖任何程序，而且在微信上就可以操作。据胡清臣介绍，喵印致力于成为新一代智能云打印解决方案提供商，打印盒已经能支持爱普生旗下2000多款打印设备型号，在同类产品中支持型号量是第一名。

谈及云打印，存储是避免不了的讨论问题。公有云存储是现在主流的存储方式，但现在隐私问题频发，许多不良商家钻空子，进行着信息倒卖的黑心生意。文件传输，是否安全保密、会不会被别人看见，已然变成了用户最关心的话题之一。而喵印很好地解决了这一痛点。胡清臣表示，为了解决共享经济中用户数据的私密性和安全性问题，喵印与IPFS.FUND进行了深度的技术交流和合作，通过IPFS（中文名为星际文件系统，其本质是一种内容可寻址、能实现版本管理、点对点超媒体的分布式存储、传输协议，去中心化是它的一个特性）创建一个开放而不失私密性、共享却又能保障数据所有者权益的分布式价值网络，为未来的数据安全提供多一项选择。胡清臣认为："喵印是全球首个底层基于IPFS的打印系统，去中心化存储、去中心化计算、去中心化运行，力争将隐私安全做到极致。"

实际上，喵印的使用场景不止共享办公，还有楼宇单位、政务大厅等。智能打印将成为人们习以为常的一种方式。一部手机、一台智能打印终端，在智慧城市的物联网规划里，喵印可能会成为重要的一环。胡清臣的创业历程虽然看起来顺利，但也并非完全顺风顺水，曾出现过逆风的情况。2018年8月，喵印就出现了一场意外，让技术人员们焦头烂额了1个多月。"终端机出现断线重连，并且还有宕机、白屏等问题。"胡清臣说，"我们的技术人员排查了一个多月，仍没有头绪，最后发现问题源于供应商提供了不合格的电源线。这造成了不小的信任危机。"

5. 喵印的产品推广与融资

在找到可行的商业模式后,几乎所有的初创企业想要实现规模扩张与升级,都避免不了需要融资。在规划好未来的产品发展方向后,胡清臣需要借助资本力量来助力喵印的发展。2018年4月,他找到了优客工场的毛大庆先生,并获得了投资。

一个当时未满22岁的小青年,如何得到国内共享办公领域超级IP的青睐,引起了不少人的好奇心。胡清臣说:"与毛大庆(优客工场创始人)相遇是机缘巧合。当时毛大庆来厦门考察,喵印的机器就放在他们的空间里。庆哥吃外卖,我就上去和他聊了聊喵印的产品,不到15分钟的时间就顺利拿到了融资。"谈及里面的秘诀,他坦露:"我不会用乞求的态度向投资人要钱,我是冲着帮他们的赚钱的态度去聊天和谈判的。这可能是我稍微有点不同的地方。"

2018年6月,胡清臣凭借着在云打印市场脱颖而出的表现,在福建省团委的推荐下到江西参加比赛,并获得了第五届"创青春"中国青年创新创业大赛(互联网组)总决赛初创组铜奖。

Step3:练习与应用

1. 在学校环境里,你能发现哪些需求?你在学习上和生活中还有哪些需求?
2. 从防盗需求出发,你能够设想出哪些创新选题?描述你的选题,同时将你的初步设想写出来。
3. 举一个能够证明"需求是创造出来的"这个命题的创新事例。
4. 利用同理心地图,寻找"到食堂吃饭"的痛点。将需求转换为问题,并对问题进行深挖。

Step4:总结与反思

1. 理论的一句话总结

创新创业的第一步是发现问题,在此基础上才能提出有创建的课题。现实生活中,很多人不愿提问、不敢提问，即使想提问却提不出问题，或者提出的问题没有实际意义，这都是不善于提问的表现。发现问题的一种方式是从需求分析开始，需求与满足需求之间是有一定的距离和差异的，弥补这个距离和差异就形成了问题。于是，需求就转化为与人的工作和生活密切相关的问题。通过同理心思维与换位思考法可以有效地发现需求。

2. 推荐延伸阅读的文章和书籍

（1）袁国宝. 引爆独角兽：如何让你的公司估值10亿美元［M］. 北京：中国经济出版社，2017.

（2）温克尔，等. 创新者的路径［M］. 符李桃，译. 北京：中信出版社，2019.

（3）张凌燕. 设计思维——右脑时代必备创新思考力［M］. 北京：人民邮电出版社，2015.

第二节

发现问题的方法与工具

> **导 语**
>
> 创新就是和别人看同样的东西，却能想出不同的事情。
>
> ——匈牙利生理学家、维生素 C 之父、1937 年的诺贝尔生理学或医学奖的获得者阿尔伯特·森特·哲尔吉
>
> 在应用 TRIZ 理论解决问题时，要详尽考察并全面地列出系统涉及的所有资源。找到系统资源就意味着问题解的获得，发掘资源越多，问题的解就越多。也就是说，利用手边现成资源越多意味着解决问题的成本越低。
>
> ——阿奇舒勒

Step1：基本理论

1. 列举法

列举法是把复杂的事物分解开来分别加以研究，以帮助人们克服感知不足的障碍，从而产生问题意识，找到存在的问题和寻求解决方案的方法。列举法的要点是将研究对象的特性、缺点、希望点罗列出来，从中受到启发，提出研究课题和改进措施，形

成有独创性的设想。列举法包括：特性列举法、缺点列举法和希望点列举法。

（1）特性列举法。特性列举法主要是通过观察分析需要革新改进的对象，尽量列举该事物的各种不同特征或属性，然后确定应加以改善的方向及如何实施改善，从而大大提高创新效率。

该方法的步骤如下：

第一，将对象的特性或属性全部罗列出来，犹如把一台机器拆分成许多零件，每个零件具有何种功能和特性、与整体的关系如何等都毫无遗漏地列举出来，并做出详细记录。

第二，分门别类加以整理。主要从以下几个方面考虑：

1) 名词特性（性质、材料、整体和部分制造方法等）。

2) 形容词特性（颜色、形状和感觉等）。

3) 动词特性（有关机能及作用的特性，特别是那些使事物具有存在意义的功能）。

第三，在各项目下设想从材料、结构、功能等方面提出问题和改进点，然后试着加以改进，试用可替代的各种属性加以置换，引出具有独创性的方案。进行这一步的关键是要尽量详尽地分析每一特性，提出问题，找出缺陷。

第四，提出方案后还要进行评价和讨论，使产品能更符合人们的需要和目的。

例如，针对平时喝水的水杯，如何提出课题呢？尤其是当一点思路都没有的时候，不妨利用这个方法，分析过程如下：

1) 列举名词特性。茶杯的名词特征有：

整体：水杯。

部分：杯身、杯盖、杯把手、杯底、杯肚。

材料：玻璃、陶瓷、搪瓷、金属、塑料、纸。

制作方法：浇铸、硬模等。

2) 列举形容词特性。茶杯的形容词特征有：

颜色特性：白、绿、红等。

形状特性：圆形、方形或其他特殊形状。

外观特性：图案各样。

水杯的高低、大小均可不同。

3）列举动词特性。茶杯的动词特征有：

功能方面：观赏、盛固体、盛液体、可冲水、测量、加热、保温、保健、指南、传播知识等。

上述三个方面是不是能够给你很大的启发？例如，是不是能从形状上入手提出课题，提出一个任务，设计一种形状怪异的水杯？从动词特性上，会给人启发，提出这样的课题：设计一种有刻度、可当量杯的水杯，或者设计一种可以感知水温、调节温度高低的杯子？

（2）缺点列举法。缺点列举法就是通过发现、发掘现有事物的缺陷，将其具体缺点一一列举出来的方法。缺点就是要解决的问题。针对发现的缺点，可以提出具体课题，并有的放矢地设想改进方案，从而确定创新目标，获得创新成果。

缺点列举法的运用基础是发现事物的缺点，挑出事物的毛病。尽管世上万事万物都不是十全十美的，都存在着缺点，然而，并非每一个人都能想到、看到或发现这些缺点。主要原因是人都有一种心理惰性，所谓的"见怪不怪""备周则意怠，常见则不疑"，就反映出这种思维惯性。人们对看惯了或用惯了的事物，往往很难发现和找出它们的缺点，因此安于现状，失去了创造的欲望和发明的机会，实际上也就失去了每个人都应该具有的创造力。

事实上，人们发明创造的产品总会有这样或那样的缺点。一是由于任何产品设计都是有局限性的。设计产品时，设计人员往往只考虑产品的主要功能，而忽视其他方面的问题。二是当今世界，科学技术和人类社会一样，总是不断在改革中进步。有的产品从功能、效率、安全以及外观上落后了，如果能够对习以为常的事物"吹毛求疵"，找出其不方便、不合意、不美观的缺点，就容易找出克服缺点的办法，然后采用新的方案进行革新，创造出新的成果。

缺点列举法鼓励人们积极地寻找并抓住事物不方便、不美观、不实用、不便宜、不安全、不紧凑、不省力、不耐用等各种缺点及不足，并把缺点一一列举出来，然后针对不足之处开展发明创造，寻找解决问题的最佳方案。但列举缺点并不是一件容易的事情，因为每一种事物的设计，最初也总是考虑到种种可能的缺点而设法避免的。

因此，对一种事物的缺点进行列举，首先要对这种事物的特点、功用、性能等持一种"吹毛求疵"的看法，敢于质疑。只要处处留心、时时观察，就可能找到产品的缺点。

（3）希望点列举法。希望点列举法是从人们的美好愿望出发，通过列举希望来形成创新目标和构思，进而找到选题方向和题目，同时解决问题，产生具有价值的创新成果。

与缺点列举法不同，希望点列举法是从正面、积极的因素出发考虑问题，凭借丰富的想象力、美好的愿望，大胆地提出希望点。实际上，许多产品正是根据人们的希望而研制出来的。例如，人们希望走路时也能听音乐，于是就有了"随身听"。这通过列举当时收音机的缺点可能是无法想到的。

希望点列举法的基础是想象力。想象是人在大脑中凭借记忆所提供的材料进行加工，从而产生新的形象的心理过程。它是人类特有的对客观世界的一种反映形式。它能突破时间和空间的束缚，达到"思接千载""神游万仞"的境域。想象可分为再造性想象、创造性想象和幻想。利用幻想和愿望，童话、神话、儿童时候的想法等，都是创新选题和创新设想的好素材。

2. 九屏幕法——一种技术系统的分析方法

该方法是后面将介绍的 TRIZ 方法中的一种典型系统思维方法，可以帮助思考者从结构、时间以及因果关系等角度对技术系统和技术问题进行全面、系统的分析，这种分析，一是便于选题；二是便于寻找资源；三是便于产生解决方案。

九屏幕法要求对一个事物采取系统的观点来看，从以下两个思考轴对事物进行拆分、分解或综合、整合：

（1）以空间为纵轴，考察"当前系统"及其"子系统（组成）"和"超系统（环境）"。当前系统由多个子系统组成；子系统由元件和操作构成；系统的更高级系统称超系统。

（2）以时间为横轴，考察上述三种状态的"过去""现在"和"未来"，即考察某项技术或者工艺的前一项和后一项状态是什么。每个子系统或超系统也有自己的过去、现在和将来，这样，分析起来就扩展出九个思考点，展现出了九个画面。如图 3-2 所示，以时间轴表示：侧重过程，适合工艺改进；如图 3-3 所示，以空间轴表示：侧重结构，适合设备研发、改进。

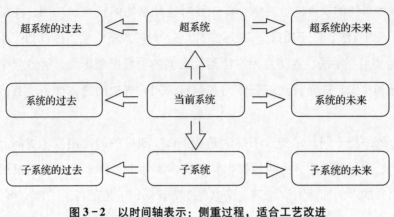

图 3-2 以时间轴表示：侧重过程，适合工艺改进

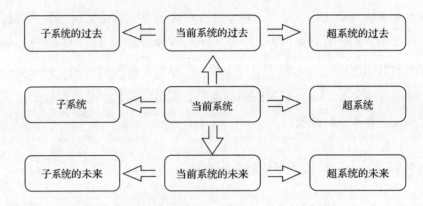

图 3-3 以空间轴表示：侧重结构，适合设备研发、改进

在发现问题和解决问题思考时，需要寻找系统的过去。系统的过去是能实现现有系统功能的一种过时的和以往的方式（手段），但这个"过时的"和"以往的"手段不需要从更远的"过去"寻找，只要找到时间较近的"过去"即可。有时为了更好地寻找资源，可按时间向过去做 1~2 次追溯。对于超系统而言，是指系统的环境与归属。在确定超系统时，可以理解为与系统有关但不属于系统本身的环境、组件、元素等。对于当前系统，一般是指出现问题的系统，或者是目前面对的系统，而不是解决问题完成后的系统。对于系统的未来，一般是指当前系统想要达到的目标，而不是所谓的"智能"系统。

以普通的自行车为例，对它进行九屏幕法分析，可以得到如下内容：

当前系统：自行车。

子系统：车架、鞍座、轮胎、脚蹬、车把。

超系统：道路交通系统、车棚。

超系统、当前系统、子系统是相对的概念。如果以车把作为当前系统来研究，那么车把的铃铛、刹车把、把套等就是车把的子系统，而自行车、骑车人、道路、车棚等就都是车把的超系统。

用九屏幕法进行选题是非常有帮助的，正如特点列举法将事物从三个方面分解展开一样，这种方法可以将事物从九个方面分解展开，这样可以启发人们选题，从而围绕选题提出解题方案。

3.因果链分析法

因果链分析法和前边介绍的五问法都是因果分析法。

五问法只能通过一条因果链进行分析，但实际上一个问题可能由多个并列的原因产生。于是人们又总结出因果链分析法。它主要有以下几个步骤：首先，从发现的问题出发，列出其直接原因；其次，以这些原因为结果，继续进行分析，直至分解出根本原因；最后，将每个原因与其结果用箭头连接，箭头从原因指向结果，构成因果链。因果链分析法如图3-4所示。一般而言，出现以下情况，则判定找到了根本原因：当不能继续找到下一层的原因时，或当达到自然现象时，或当达到制度、法规、权力、成本等极限时。

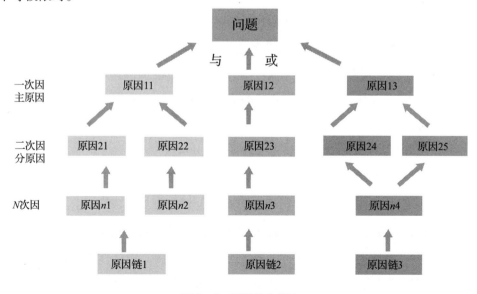

图3-4 因果链分析法

进行因果链分析时,如果同一个结果有多个原因,则表示有些原因是并列的,是"与"的关系;有些原因之间是分立的,是"或"的关系。"与"的关系表示共同导致的原因,如图3-4中原因11和原因12同时出现,产生了初始问题。如该问题只有两个原因的话,那意味着原因11和原因12只要有一个不出现,初始问题就得以解决。"或"的关系表示分别导致的原因,即两个原因之间没有关系,是并列的。

通过前面几步,会发现问题产生和发展链中的"薄弱点",于是可以选择并确定解题的切入点。选择切入点的顺序和原则为:①如果能够从根本原因上解决问题,优选根本原因;②如果根本原因不可能改变或控制,那么沿原因链从根本原因向问题逐个检查原因节点,找到第一个可以改变或控制的原因节点;③如果消除不良影响的成本比消除原因低,那么选择从消除结果节点入手;④在进行上述操作后,如果有多个原因节点,那么可以选择其中较容易实现、周期较短、成本较低、技术成熟等的节点。

4. 资源分析法

资源(Resources)是一切可被人类开发利用的物质、能量和信息的总称。例如,阳光、空气、土地、森林、人力、水力、方法、时间等。创新创业需要解决问题,而问题之所以存在,很大程度上是因为缺少资源,或者缺少获取资源的手段与方法。因此,创造性解决问题往往是创新性发掘和利用资源的过程。从一定意义上讲,一项发明创造的历史就是一个认识资源、搜索和发掘资源并有效利用资源的过程。

资源分析就是寻找资源,寻找的线索是分解资源或分类资源。资源可分为:内部资源和外部资源;现成资源、派生资源、差动资源;隐性资源和显性资源。通常,系统都在特定的空间与时间中存在,由物质构成,要利用能量场来完成某种特定的功能。因此,可以按自然资源、空间资源、时间资源、系统资源、物质资源、能量资源、信息资源和功能资源这8类资源进行资源分析。

无论是单纯的技术创新还是内生创业,都需要资源,而寻找和利用资源的第一原则就是尽可能寻找和利用内部资源和现成资源。内部资源与现成资源是解决问题者自身已经拥有的,或者已经存在的,不需要很多代价就可以获得的资源,也指问题发生的时间、区域内产生的资源,是执行机构(工具)的资源、系统作用对象(目标)的资源;而外部资源是指不在其系统时间或区域内的资源,是与已知问题(系统)相关联的环境的、超系统的资源。寻找内部资源的方法可以利用九屏幕法，即按子系统—系统—超系统的线索来寻找内部资源和外部资源。

内部资源的利用还需要不断地"挖潜"，使利用最大化。当内部资源无法利用或者已经完全利用时，再考虑利用外部资源。通常情况下，系统作用对象（目标）的资源是不可以改变的，但有时可以进行系统内部资源和外部资源的转化。

利用内部资源、现成资源来解决问题，需要时刻仔细观察身边的事物，然后去发现资源。因为每个人对身边的东西可能已经"见怪不怪了"，但其实这之中蕴含着大量可以利用的资源，这正是用于创新的最重要的原料。

一般而言，资源都是有价的，利用资源总是要有成本的。资源价值可简单用三个指标描述：昂贵、便宜、免费，即资源价值上选择的顺序是：免费——廉价——昂贵，如表3-1所示。但创造性解决问题更强调利用无价的、免费的资源，这正是创新的巧妙之处。

表 3-1 资源选择顺序表

资源属性	选择顺序		
价值	免费	廉价	昂贵
质量	有害	中性	有益
数量	无限	足够	不足
可用性	现成成品	改造后可用	需要新建造

5. 功能分析法

19世纪40年代，美国通用电气的工程师迈尔斯（L. D. Miles）首先提出功能的概念。他认为，用户购买的不是产品本身，而是产品的功能。既然用户需求的是产品的功能，那么功能就是产品的本质，而产品的具体内容只是功能的实现形式。功能不断完善和推陈出新是更好地实现用户需求的过程。对产品进行功能分析，可以把对产品具体结构的思考转化为对产品功能的思考，从而可以摆脱产品结构对思维的束缚，开拓思路搜寻一切能满足产品功能要求的工作原理。

功能分析也是一种分析问题的工具。功能与问题之所以有关联，在于问题总是有载体的，问题的发生者或者作用对象就是载体，无论是人还是事物。一个问题到底是什么，不仅要分析原因、找到原因，还要找到产生原因或导致问题（原因）的载体的功能，以及功能依托的装置，包括其各组成部分、构成结构及相互作用，即通过分析，找到哪个环节及为什么产生问题，以及如何从具体装置上解决这个问题。

所以，功能分析有两个应用领域：一是分析问题产生的载体、环节和关键点；二是开发新技术系统时，首先需确定系统要完成或要实现的主要功能，即定义新功能，然后将新功能分解，将主要功能分解为子功能。进一步说，功能分析是对系统进行功能分解，确定系统的有用功能、不充分功能、过剩功能和有害功能，以帮助设计者更加透彻地了解系统中各个元件之间的相互联系和相互作用，进而找到系统存在的问题。以现有产品为基础，通过功能分析，建立产品的功能模型，可以为产品的创新设计提供有力的保障。

功能分析包括四个步骤：功能定义、组件分析、相互作用分析、建立功能模型。

（1）功能定义。功能（Function）是某物体作用于其他物体并改变其他物体参数的行为。其中，功能载体（某物体 A）是实现功能的装置；作用对象（其他物体 B）是功能的主要承受者、接受者（功能受体）。且至少要有一个参数受到影响，发生改变。功能可以用以下句型表述：

功能＝动作＋作用对象（动词 V＋对象 O）。例如，电话的功能是"传递＋声音"。

功能＝动作＋作用对象＋参数（动词 V＋对象 O＋参数 P），即表示改变（保持）物体的某个参数。例如，空调是调节空气温度，电话是传递声音大小和音质。

（2）组件分析。组件是技术系统的组成部分，执行一定的功能，它可以等同为系统的子系统。组件分析是将系统和超系统的组件加以区分，并分类列出来。这样就可以描述系统组成及各组件的层次。组件分析的结果是构建组件模型，组件模型是描述技术系统的组成和各系统组件的层次关系的形象说明。它回答技术系统是由哪些组件组成的，包括系统作用对象、技术系统组件、子系统组件以及与系统组件发生相互作用的超系统组件。

眼镜的组件分析图如图 3-5 所示。分析图的符号一般对系统组件，用矩形框表示；对超系统组件，用六菱形表示；对系统作用对象，用圆角矩形表示。

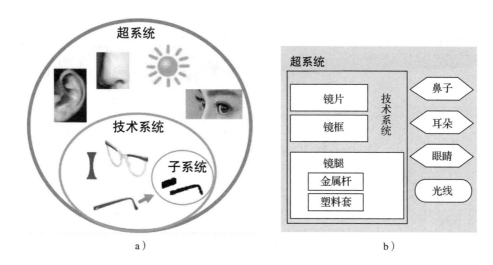

图 3-5 眼镜的组件分析图
a) 组件示意图   b) 组件分析

（3）相互作用分析。相互作用分析用来识别组件两两之间的相互作用，为以后建立功能模型打下基础。分析结果用箭头和矩形框来表示，其中箭头代表作用（动作），矩形框代表相互作用的两物（组件），如图 3-6 所示。

相互作用分析常用结构模型来表述。结构模型是基于组件的模型，描述组件模型中各组件之间的相互作用关系，分析、描述系统之间的相互作用，指出组件相互作用时产生哪些有用作用和有害作用。

结构模型可以用结构矩阵表示。结构矩阵的第一行列出研究的技术系统及其主要功能。例如，眼镜的主要功能为折射光线。左边一列列出系统的子系统和超系统组件，然后将它们用结构矩阵相连，将有相互作用的组件的矩阵节点用黑点标出。如图 3-6 所示，该图上有 6 个黑点，即为有作用的节点，表示眼镜的子系统和超系统有 6 个相互作用。从作用必有反作用的基本原理来说，作用都是成对出现的，有作用就一定有反作用；但从功能角度、从主动作用角度来说，则不一定是 12 个作用，有些是单向的作用。例如，眼镜与鼻子和耳朵的关系是物质关系，是双向的；眼镜与眼睛的关系是场关系，是单向的。然后再将这些作用做成表格形式，说明两者之间是什么样的作用，如压迫与支撑等，再列出作用是有用还是有害，有用方面又分为充分、不足和过度，选择相应的作用在下面打上对号。

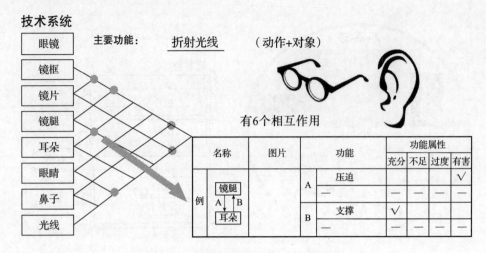

图 3-6 眼镜系统的相互作用分析矩阵

（4）建立功能模型。建立功能模型是指识别组件之间的具体功能，并根据它们执行功能的性能加以评估，最后形成功能模型图。

功能模型图是采用规范化的功能描述方式表述组件对之间的相互作用关系，将各组件之间的所有功能关系全部展示出来。它可以帮助人们弄清问题是由哪些部分或者要素造成的，或者是由哪些要素之间的相互作用造成的，以便帮助创新者找到相应的方案来解决。功能分析提供了简单、细致的图示或者系统在某个时刻运行状况的快照，帮助创新者了解系统的所有问题、内部的相互关系和影响程度等，同时帮助发现和记录这些重要的问题，并在相关成员之间进行交流，如图 3-7 所示。

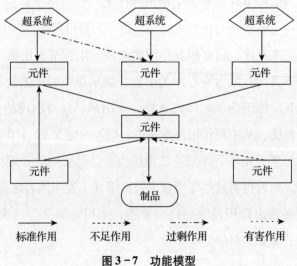

图 3-7 功能模型

按上述方式，可以具体画出眼镜的功能模型，如图 3-8 所示。在功能建模过程中，对于简单的系统，可以根据常识或经验确定各功能元件、制品和超系统；对于复杂系统，可以应用 TRIZ 理论的九屏幕法、金鱼法和反向鱼骨图等方法建立系统的功能模型。

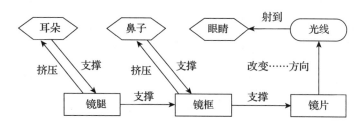

图 3-8　眼镜的功能模型

6. 通过功能裁剪产生创新

功能裁剪主要用于简化系统，在简化的同时减少成本并消除危害。当找到系统中价值最低的组件时，将该组件直接裁剪掉，同时把它有用的功能提取出来，让系统中存在的其他部分去完成这个功能。这样既消除了该部分产生的有害功能，又降低了成本，同时所执行的有用功能依旧存在。裁剪可以增加系统的理想度（在获取更多收益的同时减少成本和危害），帮助消除系统中有问题的部件，减少系统中部件的数量。这种方法应用面很广，适合不同情形的问题，可以有效减少系统的危害，降低成本和复杂性。

在进行功能裁剪时，需要这样提问：如果把某个部件从系统中拿掉，相关的功能会丧失吗？又有哪些可供使用的资源能够用来提供这些功能？这样的问题可以击中要害，让人们明白真正想获得的东西是什么，以及是否有更好的办法来满足这些需求。这种方法既简单，又非常实用。

功能裁剪的主要原则有：

1）提供辅助功能组件的价值小于提供基本功能组件的价值，可以优先考虑将其裁剪掉。

2）如果希望降低技术系统的成本，可以考虑裁剪系统中成本最高的组件；如果希望降低系统的复杂度，则可以考虑裁剪系统中复杂度最高的组件。

找到希望裁剪的组件 A 后，在裁剪实施时可采取策略依顺序进行判断，找到适合该系统的裁剪方式和方法。裁剪法的实施策略和步骤如下：

第一步：若组件 B 不存在了，组件 B 也就不需要组件 A 的作用，那么组件 A 就可以被裁剪掉。如果组件 B 是该系统的系统作用对象，那么此步骤不适用，进入第二步。

第二步：若组件 B 能自我完成组件 A 的功能，那么组件 A 可以被裁剪掉，其功能由组件 B 自行完成。如果不存在第二步的条件，可采用第三步。

第三步：若该技术系统或超系统中其他的组件可以完成组件 A 的功能，那么组件 A 可以被裁剪掉，其功能由其他组件 C 完成。如果不存在第三步的条件，可采用第四步。

第四步：若技术系统的新添组件可以完成组件 A 的功能，那么组件 A 可以被裁剪掉，其功能由新添组件 C 完成。

因此，裁剪步骤的优先级为第一步→第二步→第三步→第四步。可以选择多种裁剪方式，得到不同的解决方案。

以眼镜的功能裁剪为例。根据功能裁剪原则，系统中提供最低价值辅助功能的组件是镜腿，因此从镜腿开始裁剪。镜腿的功能为支撑镜框。根据裁剪法的实施策略，逐一寻求裁剪镜腿的解决方案。策略一：没有镜框（因此镜框不需要支撑作用）；策略二：镜框自我完成支撑作用；策略三：技术系统中的其他组件完成支撑镜框作用（如镜片），超系统组件完成支撑镜框作用（如手、鼻子、眼睛等）。最后，选择实施策略三，用超系统组件中的鼻子或手来完成支撑镜框的作用。其实，很早的时候就存在这种无腿眼镜，使用时用鼻子或手来进行支撑。

再继续裁剪，我们发现，眼镜系统剩余的组件中，镜框和镜片相比，镜框的功能是辅助的，相对价值较低，故裁剪镜框。镜框的功能为支撑镜片。根据裁剪法的实施策略，逐一寻求裁剪镜框的解决方案。策略一：没有镜片（因此镜片不需要支撑作用）；策略二：镜片自我完成支撑作用；策略三：技术系统中的其他组件完成支撑镜片作用（无），超系统组件完成支撑镜片作用（如手、鼻子、眼睛等）。最后，实施策略三，很容易想到，这种眼镜就是隐形眼镜。

再继续裁剪，系统中还剩下一个组件，即镜片。那么镜片可以被裁剪掉吗？镜片的功能为改变光线的方向，使其进入眼镜。根据裁剪法的实施策略，逐一寻求裁剪镜片的解决方案。策略一：没有光线（光线为系统作用对象，因此策略一不可用）；策略二：光线自我完成改变方向的作用；策略三：技术系统中的其他组件完成改变光线方向的作用（无），超系统组件完成改变光线方向的作用（如眼睛）。最后，实施策略三，可以设想，整个眼镜系统已被裁剪，眼镜不存在了。通过人眼自身来改变光线的方向，完成调整视力的功能，其实这就是现在的医疗技术——近视眼手术。

Step2：案例分析

寻找杰斐逊纪念堂外墙脱落和破损的原因

美国著名的杰斐逊纪念堂的花岗岩外墙脱落和破损严重，继续发展下去就需要推倒重建，这要花费纳税人一大笔钱。于是人们用五问法来追问原因，从而想出一个各方面都可以接受的对策。其问题和解答如下：

（1）问：为什么外墙会脱落和破损呢？答：根据最初调查的结果，侵蚀建筑物的是酸雨。

（2）问：为什么酸雨造成那么大的危害，不至于吧？答：最后才发现是因为冲洗墙壁的酸性清洁剂对建筑物有强烈的腐蚀作用，且冲洗次数大大多于其他建筑。

（3）问：为什么要每天清洗呢？为什么要用酸性清洗液？答：因为大厦被大量的鸟粪弄得很脏，需要用酸性清洁液才能清洗干净。

（4）问：为什么大厦有那么多鸟粪？答：因为大厦周围聚集了很多燕子。

（5）问：为什么燕子喜欢聚集在这里？答：因为建筑物上有燕子爱吃的蜘蛛。

（6）问：为什么这里的蜘蛛特别多？答：因为墙上有蜘蛛喜欢吃的飞虫。

（7）问：为什么这里的飞虫这么多？答：因为飞虫在这里繁殖得特别快。

（8）问：为什么飞虫在这里繁殖得特别快？答：因为这里的尘埃适宜飞虫繁殖。

（9）问：为什么这里的尘埃适宜飞虫繁殖？答：原因并不在于尘埃，而是尘埃在从窗子照射进来的强光作用下，形成了独特的刺激效果，致使飞虫繁殖加快，因而有大量的飞虫聚集在此，于是给蜘蛛提供了丰盛的大餐。同时，蜘蛛的超常聚集又吸引了成群结队的燕子往返流连。燕子吃饱了，自然就地方便，给大厦留下了大量粪便……

经过上述9问，问题的根源找到了，解决问题的最终方法也提出来了。办法出奇地简单：拉上窗帘。结果，杰斐逊纪念堂至今完好。

巧妙利用内部资源的案例

在野外，车胎突然爆了，需更换备胎，但换轮胎时，你发现固定车轮的螺母锈住了。手边没有管子、加长把手，怎么办呢？一般传统的办法有：用手机求援；用加气泵给原轮胎加气；找金属管子；搭顺风车……这些都是外部资源，如果这些需要的东西都没有，怎么办呢？还是将眼光转移到内部吧！内部到处是资源，关键看你能不能想到。

在这个问题中，经过思考，我们发现利用汽车内部资源的方案有：发动汽车驱动车轮，给把手力量；取机油润滑；截掉一段排气管，试着连接到把手，使把手加长。最后，车上千斤顶，可以借助它的力量推动扳手，从而拧动固定汽车轮胎的螺栓，如图3-9所示。

图3-9　用千斤顶来推动扳手

Step3：练习与应用

1. 对现有的雨衣，如果没有一点选题思路的话，那就试着列举出它的缺点吧。有人列举了如下缺点：胶布雨衣，夏天闷热不透风；塑料雨衣，冬季变硬变脆容易坏；穿雨衣骑自行车上下车不方便；风雨大时，脸部淋雨使人睁不开眼，影响安全；雨衣下摆贴身，雨水顺此流下易弄湿裤腿与鞋……通过缺点列举，你还能想到雨衣的哪些缺点？

2. 按照给出的方法，你自己产生了哪些选题，或者项目还有哪些引申和扩展的子课题？

3. 对你选择的课题进行因果链分析，最终确定要解决的问题。

4. 对你现在的问题进行资源分析和功能分析，看能否产生解题思路。

Step4：总结与反思

1. 理论的一句话总结

提出问题和发现问题需要借助工具。这些辅助工具大部分是通过分析、分解、吹毛求疵、深追等方式让人对问题敏锐，对问题展开，从而提出问题，发现深层问题。针对这样的问题进行选题，提出的方案才更有创造性。所以，列举法、九屏幕法、因果链分析法、资源分析法和功能分析法等都是好的提出问题的工具。

2. 推荐延伸阅读的文章和书籍

（1）斯卡金斯基. 创新方法——来自实战的创新模式和工具［M］. 陈劲，蒋石梅，吕平，译. 北京：电子工业出版社，2016.

（2）亚当斯. 改变提问，改变人生：12个改善生活与工作的有力工具［M］. 秦瑛，译. 北京：机械工业出版社，2018.

（3）樱井弘. 优秀的人都是提问高手［M］. 杨光，译. 北京：中国友谊出版公司，2019.

第三节

如何寻找"风口"——发掘、评估创业机会

> **导 语**
>
> 新创业者的第一死穴：跟不上趋势。人的力量永远赶不上趋势的力量，大势所趋，顺势而为！任何一种行业，如有一窝蜂的趋势，过度发展，就会造成摧残。
>
> ——某创业指导专家名言

▶ Step1：基本理论

1. 你能把握创业机会吗？

创业机会是从需求和创新设想中产生的，但机会只偏爱有准备的头脑，机会并不是谁都能够发现、识别和确立的。人们常说："机不可失，时不再来。"机，就是指机会；时，就是时机，即出现机会的时间和环境。整句话的意思是说，好的机会不可放过，失去了，这个机会就不会再来。人们时常将时机形象地比喻为"时间窗口"，即这个窗口恰好打开就是时机，而一旦窗口关闭了，时机也就没有了。创业同样存在把握时机的问题。

所谓创业机会，就是适合创业的时间窗口和环境，表示有一个创意，且该创意在

市场环境中行得通。这个创意要提供的产品或服务，不仅能给某些人带来实际的好处和用处——他们肯购买，而且他们付的价钱使你可以获得利润。没人要的东西肯定不是创业机会，有人要但不给钱或给的钱不能令你获得利润也不是创业机会。利润并非一定是近期的，也可能是远期的。市场机会源于创意，但市场机会必须能够真正为企业带来价值。

那么，创业机会是随处可见的吗？创业机会是经常出现的吗？创业机会是谁都能够看到和把握的吗？创业机会是错过了还能拥有的吗？创业机会是一成不变的吗？显然，要回答这些问题，需要对创业机会进行深入研究。事实上，创业机会具有隐蔽性、个体性、偶然性、易逝性、时代性的特点。有的创业机会对有些人是一种机会，而对另外的人则不是机会。因为机会反映了时间窗口，所以一定具有易逝性，机会偏爱有准备的头脑，识别和把握这种易逝的机会就显得越来越重要。

2. 创业机会的来源

创业机会大致有三个来源，即技术创新机会、市场机会和环境机会。

（1）技术创新机会。创业的技术创新机会是指由于新技术设想的提出，即技术进步、技术变化带来的创业机会，是将新技术成功应用于生产的可能性，即现存技术的规范或性能有改进的可能性，也包括全新技术的出现和应用。具体包括技术突破引起的机会、工艺创新引起的机会、技术扩散引起的机会、技术引进和后续开发引起的机会。

技术创新机会大部分都是内生的，或者是内生与外生组合产生的。近年来，创业和投资"风口"和独角兽企业的概念越来越流行，3D打印、人工智能、大数据、互联网+智慧医疗、互联网+智慧物流、智能硬件、VR/AR等领域之所以成为"风口"，就在于这些均是难得的技术机会。

（2）市场机会。大量的创业机会还是市场机会，市场并非总是明确地存在着属于企业的机会，它需要按照正确的方向去探索和寻找，需要创业者发挥想象力，发现事物背后的机会线索，需要创业者用新的观点去理解现实所发生的事情，从新的角度意识到机会的存在。市场机会主要体现在：市场上出现了与经济发展阶段有关的新需求；市场供给缺陷产生新的商业机会；先进国家（或地区）产业转移带来市场机会；从中外某些方面的比较中寻找差距，差距中往往隐含着某种商机等。

（3）环境机会。环境变迁也会产生大量的创业机会。创业者要善于发现和把握对自身有利的环境因素，积极利用环境机会。外部环境对创业者来说是可变的，也是不可控的，既包含创业发展的机遇，也包含可能面临的挑战。环境机会包括宏观环境机会（包括政策法规调整、经济发展、社会进步、技术进步等方面引发的机会）、地区环境机会、行业发展机会等。

多数情况下，创业机会是上述三个来源的结合，三者常常缺一不可。例如，很多人预测无人零售将是未来创业的风口。无人零售是指在没有营业员、收银员以及其他商店工作人员的情况下，由消费者自助进店进行挑选、购买、支付等全部购物活动的零售形态。虽然无人值守，但背后的管理仍然需要有人，只是人的角色有所变化，前端人员主要负责配货、理货和清洁。目前的无人零售可以无人值守，也可以有少量管理员，或者灵活切换。

无人零售实际上包含了技术创新机会、市场机会和环境机会。无人零售包括以开放货架、自动贩卖机、无人便利店，以及实体零售中无人值守的部分。无人便利店类似于小超市或者便利店，主要于2016年12月之后开始迅速发展。虽然之前也有企业开始耕耘无人零售，但市场的火热以国外的Amazon Go和国内的"淘咖啡"为起点和引爆点，巨头的行动带动了市场的快速推进。传统零售供应链呈现线性状态，各参与方之间依次进行信息交换，效率较低。而无人零售为代表的智能零售则逐渐构建联动网状供应链结构。消费者需求信息通过网状供应链传递给各方参与者，当需求发生变化时，各方联动进行相应的调整。

3. 将创业行为落实到具体项目上

所有的创业行为都要落实在具体的创业项目上。创业项目的寻找和选择至关重要，要舍得花工夫探寻。如何选定创业项目呢？理论上，所有创新选题都可以是创业项目，但结合市场需要，具体可以从以下几个方面入手：分析已有商品存在的问题、基于市场供求差异分析、基于解决别人困难分析、透视热销商品背后隐藏的商机、利用市场细分等。

一位著名的创业成功者曾说，机会永远藏在人们抱怨的地方。一件事情有不好的地方，这其实就是机会，事情都好就没机会了。与其抱怨发怒，不如睁大眼睛判断无处不在的机会，并抓住属于自己的机会。所以寻找创业机会时，人们常用寻找"痛点"这个词比喻发掘创业项目。

没有项目时，需要发掘项目，而有了项目且项目很多时，还要对项目进行评估。因为并不是什么项目都是自己能做的，可能发掘的项目越多，越不知道到底该做哪个。对于创业者而言，可能需要调整最初确立的项目，项目的变化、迭代、更替是必不可少的。但这并不表示一个创业公司可以在什么时候都不加选择地去做。在创立初期，公司一般都是在推进一个项目，毕竟创业公司的资源不像成熟公司一样可以去做多线任务。在不能确定一个项目能否为公司带来盈利的情况下，应多努力一下再考虑更换。

4. 评估创业机会

评估创业机会之所以重要，是因为它是创业者做出是否创业决策的重要依据。对创业机会，人们会思考：这是一个好的创业机会吗？如何得出这个结论？自己会抓住这个创业机会吗？这就是对机会进行评估。

具体而言，识别创业机会需要回答的问题是：自己是否拥有利用该机会所需的关键资源？自己是否能够"架桥"跨越"资源缺口"？遇到竞争力量，自己是否有能力与之抗衡？是否存在可创造的新增市场及可占领的远景市场？利用特定机会的风险是否是可以承受的？

创业机会的评价标准包括：①盈利时间；②市场规模和结构；③资金需求量；④投资收益；⑤成本结构；⑥进入障碍；⑦退出机制；⑧控制程度；⑨致命缺陷；⑩自己或团队能力对项目的驾驭性等。

就内生创业而言，好的创业机会应是技术创新的机会，而不能仅仅是商业机会。作为具有专业知识的大学生，一个创意、创新项目、创新构想是与其匹配的创业机会，也是通过培养可以把握的创业机会。这样的创业就有了创新这一重要的前提和基础保障，就有了核心竞争力。创业者组建和选择创业团队，固然需要团队的凝聚力和执行力，更需要一批有开拓性和创造性，敢于打破常规、另辟蹊径的创新人才。

Step2：案例分析

果壳网：掌握知识变现的机会

1. 企业基本情况

果壳网主站（guokr.com）是由姬十三（本名嵇晓华）等人创办的一个知识分享类网站，于2010年11月正式上线，向大众提供专业、丰富的泛科学内容和基于兴趣人群的社区服务。2011年7月果壳网获得A轮融资；2013年1月果壳网推出MOOC学院，致力于为中文用户学习全球课程服务，并在同年被中央电视台1套新闻节目报道；2013年3月获得B轮融资，2014年12月获得2000万美元C轮融资；2016年12月果壳网《物种日历》销售突破20万册；2017年4月全新知识付费产品"饭团"上线，同年12月短视频品牌"果然知道"成为全网排名第一的知识短视频。

目前公司有200~300人的团队，拥有3300万的月活用户。果壳网拥有大量各领域的专家资源和专业网友，并与国内外的科研和学术机构保持密切合作。同时，果壳网还拥有千万量级的全媒体平台，目前旗下品牌包括在行（分答）、饭团、吃货研究所、万有市集，也在做一些新项目的开发，例如，"研究生"是一个为不孕不育提供帮助的项目；"果壳少年"是一个面向中学生的科普平台，现在的产品形态是微信公众号，未来还会有其他拓展。

2. 科普创业的机会

果壳网是基于创始人姬十三对科技媒体发展模式的认识而诞生的。他认为，非营利的模式适合聚集志愿者的力量，但在持续成长和资金的投入上有所欠缺，而商业模式则便于用大量的资金迅速组建团队推进工作，因此接受了资本的天使投资创办了果壳网。

随着TMT（Technology, Media, Telecom，即科技、媒体、通信）行业的发展、移动支付的普及以及知识产权保护的加强。我国于2015年兴起了一个新兴的行业：知识付费，即知识创作者创作知识经验及产品，用户支付相应的费用获得其创作结果，形式不限于文字、音频、视频、图片等。其中比较有代表的平台有喜马拉雅、得到、维库、新浪问答等。所以，果壳网创始人基于果壳网科普的基础，推出了一些知识付费平台，如在行，赶上了时代的"风口"，为创作者和用户提供了交互问题的平台。

果壳网的高管刘旸认为，知识付费对于创作者来说，边际效应很高，创作一个知识结晶和经验总结就可以获得可观的收入；对于订阅用户来说，获取比较方便，而且知识比较精准，还可以为自己定制知识点问题等，所以在市场上迅速获得了广泛的好评。例如，美国有一类读书产品，就是一字一句地把原书朗读一遍，提供给用户听。用户可以节约大部分用眼阅读的时间，戴上耳机在乘车或者做饭的时候听书，解放了双手和双眼。这也是一类知识付费领域的新解决方法。刘旸对知识付费产品的未来很看好，因为知识付费归根结底还是要以用户为导向，以用户为驱动，用户可以根据自己独有的问题、结合自身独有的情况向有经验、有知识的群体提出自己的问题，或者知识答主自我选题为部分人群解决部分有代表性的问题，这些都是大范围广谱宣传和教育做不到的地方，更加人性化，更加贴合用户的需求。

3. 知识付费带来的企业挑战

知识的掌握者自己创业期间遇到的最大挑战就是职场经验和管理能力。刘旸评价果壳网在互联网行业环境中非常宽松，也可以讲是善意的公司，加入的伙伴也更多的是因为喜欢科普，非常单纯。但是，从专业管理领域的角度来看还是有问题的。一些部门的团队成员都是科学编辑，由理工科背景的成员组成，而且很多人没有工作经验，毕业后就直接来到果壳网，没有运作商业项目的经验。作为管理者，刘旸自己一开始进入职场也不知道如何管理下属或者帮助下属成长，同时还要考虑自己工作、考虑公司全盘的战略，压力比较大。随着规模不断扩张，公司也慢慢地通过专人专岗来解决管理的问题。业务团队更加专业化。管理层也开始接受很多的管理培训。公司2013年引入了专业的管理人才COO，对管理层进行了调整，给大家进行培训。公司内部也组织过管理读书会，如一起阅读目标管理或者品牌管理类的书籍，再进行讨论。公司会提供一笔专项经费用于员工的个人提升，更多的是在一些实操过程中通过不断地摸索和试错进行学习和总结。

▎Step3：练习与应用

1. 近年来，VR/AR技术越来越火爆，你认为这是不是创业机会？请从某个具体的领域和需求出发，具体设计和规划利用VR/AR进行创业的机会。

2. 创业机会的三个来源中,为什么技术创新机会更为重要?你能够举一个例子说明吗?

▶ Step4:总结与反思

1. 理论的一句话总结

创业机会是从需求和创新设想中产生的,但机会偏爱有准备的头脑。创业机会大致有三个来源,即技术创新机会、市场机会和环境机会。多数情况下,创业机会是上述三个来源的结合,三者常常缺一不可。就内生创业而言,好的创业机会是技术创新的机会,而不能仅仅是商业机会。创业机会需要识别和评估。

2. 推荐延伸阅读的文章和书籍

(1)陈工孟,孙惠敏. 机会识别与项目选择[M]. 北京:经济管理出版社,2017.

(2)怀斯. 创业机会:认清那些关乎创业成败的核心要素[M]. 凌鸿程,刘寅龙,译. 北京:机械工业出版社,2018.

第四章
产生创造性解决方案

创新创业实战教程

第一节　创造性解决问题的传统技法

第二节　当代创造性解题方法——升级"脑件"

第三节　撰写一份有实效的商业计划书

第一节
创造性解决问题的传统技法

> **导 语**
>
> 创造性解决问题并不容易,有的问题常常使人苦苦思考但想不出答案,有时候可能突然柳暗花明,一瞬间产生了灵感。其实产生创新设想并不神秘,掌握方法和进行思维训练是必经之路,也可以借助一些创造性解决问题的方法和工具,如传统的创新技法和现代 TRIZ 等都是有效的解题工具。

Step1:基本理论

1. 类比法与移植法

类比(Analogy)这个词最开始是数学家表示比例关系方面的相似性,后来又扩展到作用关系方面的相似。类比的思维过程分为两个阶段:第一阶段,把两个事物进行比较;第二阶段,在比较的基础上推理,即把其中某个对象的有关知识或结论推移到另一对象上。

对于类比法,更通俗的理解是通过比较分析两个对象之间的相同点或相似点,认识事物,产生创新设想和解决问题的方法。运用类比法有两个步骤:第一,把两个事物进行比较，异中求同和同中求异。第二，在科学领域，常常将创造对象与熟悉的对象进行比较分析，在比较的基础上推理，即把其中某个对象的有关知识或结论推移到另一对象上；而在技术领域，通过比较，从功能、因果、结构等方面进行借鉴、移植，从而创造出新事物、新方案。类比形式有拟人类比、结构类比、功能类比、因果类比、对称类比等。

例如，在科学史上，动物细胞核的发现就是类比思维的结果。德国生物学家施旺（Schwann）和施莱登（Schleiden）分别发现了动物和植物的有机体都是细胞结构之后，施莱登又在植物细胞中发现了细胞核，并把这一发现告诉了施旺。施旺由此进行了类比推理：植物有机体是一种细胞结构，植物细胞中有细胞核；动物有机体也是一种细胞结构，如果动植物有机体之间的相似不是表面而是实质的话，那么动物细胞中也应有细胞核。于是，施旺便开始了动物细胞核假说的验证。经过观察与实验，果然在动物细胞中发现了细胞核的存在。

移植法是类比法的一个专门应用。它是将某一领域中的原理、方法、结构、材料、用途等移植到另一个领域中，从而产生新思想、新观念的方法。"他山之石，可以攻玉"，吸取、借用某一领域的原理、方法、结构及成果，引用或渗透到其他领域，用以变革或创造新的事物，称之为移植创造。

移植法的基础是类比，通过类比找出相似和启发才能够移植。移植法的两个方向：① 成果推广型移植（移出）。这是主动地考虑将已有的科技成果作为"移植供体"向其他领域拓展延伸的移植。② 解决问题型移植（移入）。这是从待研究的问题出发，为了解决其中有关基本原理、功能方法或结构设计方面的矛盾而考虑移植法的应用。

仿生法是类比法和移植法的一个专门应用。从自然界（自然物、植物和动物）获得灵感，再将其应用于人造产品中的方法，称为仿生法，即模仿生物的某些结构、功能原理、形态特征进行创造，将其应用于产品设计中。仿生法具体包括原理仿生、功能仿生、结构仿生、形态仿生、意象仿生等。

与生物构成的天然自然相比，由人创造的人工自然只有较短的历史。人们在技术上所遇到的许多困难，一些生物早就在进化过程中解决了。因而，从某种意义上说，生物的进化成果可能成为人类发明创造最好的启示。人们可以借鉴、模仿生物来解决大量相似的技术难题或创造出更新的技术手段。

例如，蜻蜓通过翅膀振动可产生不同于周围大气的局部不稳定气流，并利用气流产生的涡流来使自己上升。蜻蜓能在很小的推力下飞行，不但可向前飞行，还能向后和左右两侧飞行，其向前飞行速度可达72km/h。此外，蜻蜓的飞行行为简单，仅靠两对翅膀不停地拍打。科学家据此结构基础研制成功了直升机。

飞机在高速飞行时，常会引起剧烈振动，有时甚至会折断机翼而引起飞机失事，也常因机翼剧烈抖动而机毁人亡。蜻蜓的翅膀末端有一块略重的厚斑点，这就是防止震动的原因。蜻蜓依靠加重的翅膀在高速飞行时安然无恙，于是人们效仿蜻蜓，在飞机的两翼加上了平衡重锤，解决了因高速飞行而引起振动这个棘手的问题。

2. 综摄法

综摄法（Synectics Method）又称类比思考法、类比创新法、提喻法、比拟法、分合法、举隅法、集思法、群辩法、强行结合法。它是由美国创造学家威廉·戈登（William J. J. Gordon）提出的创造发明方法。其主要特点是将两个表面不相干的事物生拉硬扯地放在一起，通过类比隐喻产生创造性的设想。综摄法是发明创造小组采用的活动方式和方法，当然个人也可以使用。该方法要求在解决问题时，首先要用如下两种线索来思考：

（1）异质同化。就是"变陌生为熟悉"的过程，把陌生的事物当成熟悉的事物来看待，即将初次接触到的新事物或新问题，联系到早已熟悉的事物的思维方式。把陌生的事物看成熟悉的事物，从熟悉的观点和角度认识陌生事物，并认为陌生事物具有与熟悉事物同样的性质、功能、构造、用途等，从而达到把陌生事物熟悉化，把陌生问题转为熟悉问题，得到关于新事物的创新构思。

在发明没有成功或问题没有解决之前，未知的东西对人们来说都是陌生的。异质同化就是要求人们在碰到一个完全陌生的事物或问题时，要用所拥有的全部经验、知识来分析、比较，并根据这些结果，做出很容易处理或很老练的态势，然后再去想使用什么方法才能达到这一目的。

（2）同质异化。就是"变熟悉为陌生"，通过新的见解找出自己熟悉事物中的异质方面，即对某些早已熟悉的事物，根据人们的需要，从新的角度或运用新知识进行观察和研究，以摆脱陈旧固定看法的桎梏，产生新的创造构想。该方法的创始者戈登曾说，为了变熟悉为陌生，必须改变、逆转或转换通常给人们可靠、熟悉的感觉和思考问题的方式。

这就要求用陌生的眼光看待熟悉的事物，利用与以往的观点和角度完全不同的观点和角度来观察已知的事物，从而找出已知事物的新性质、新用途、新功能、新结构、新结合等。

利用上述两种思考之后，还需要利用如下四种具体的类比思维方法进行思考，即拟人类比、直接类比、象征类比和幻想类比。

1）拟人类比。拟人类比又称亲身类比，即把自身与问题的要素等同起来，从而帮助人们得到更富创意的设想。在这个过程中，人们将自己的感情投射到对象身上，把自己变成对象，体验一下作为它会有什么感觉。这是一种新的心理体验，使个人不再按照原来分析要素的方法来考虑问题。

2）直接类比。直接类比是从自然界的现象或人类社会已有的发明成果中寻找与创造对象相类似的事物，并通过比较启发创意。运用直接类比，主要通过描述与创意思考对象相类似的事物、现象，从而形成富有启发的创意。

以尼龙搭扣的发明为例。一位名叫乔治·特拉尔的工程师发现，他每次打猎回来后，总有一种大蓟花植物粘在他的裤子上。他用显微镜观察残留在裤子上的植物，发现每朵小花上都长满了小钩钩，于是他明白了这些小东西能紧紧钩住裤子的原因。当他解开衣裤扣子时，突然想到：能不能仿照大蓟花的结构发明一种"新扣子"呢？他观察大蓟花的钩子形状和分布特点，并进行类比：如果在布带上织上这种小钩钩，那么两条布带一接触不就能互相粘在一起了吗？后来，他发明了"尼龙搭扣"。

3）象征类比。象征类比也称符号类比，是将抽象概念与具体事物通过象征或符号关系进行类比，从而对具体事物的发明产生启发的方法。

4）幻想类比。幻想类比就是将幻想中的事物与要解决的问题进行类比，由此产生新的思考问题的角度。借用幻想、神话和传说中的大胆想象，启发思维，在许多时候是相当有效的。

上述四种类比一般都不会被孤立地使用，常常是结合在一起的。现代创新方法中还有一种有名的方法，称为小人法，它实际是上述方法的综合使用。小人法解决问题的思路是将需要解决的问题转化为小人问题模型，利用小人问题模型产生解决方案模型，最终产生待解决问题的方案，有效规避了思维惯性的产生。它首先描述系统各个组成部分的功能，将系统中执行不同功能的组件想象成一群群的小人，并用一组小人代表那些不能完成特定功能的部件。将组件拟人化，根据问题的特点及小人执行的功能，赋予小人一定的能动性和"人"的特征，抛开原有问题的环境，对小人进行重组、移动、剪裁、增补等改造，以便产生解题方案。根据对小人的重组、移动、剪裁、增补等改造后的解决方案，从幻想情景回到现实问题的环境中，将微观变成宏观，实现问题解决。

3. 奥斯本检核表法

所谓的检核表法，就是创新者通过查阅创新检核表，对创新检核表提示的内容进行一一核对和思考，从而发掘出解决问题创新设想的方法。它引导人们根据检核项目的不同思路求解问题，从而形成比较周密的思考和创新设想。目前，各国已总结出多个各具特色的检核表法，其中最著名、最典型、最常用的创新检核表是被称为"创造学之父"的美国人亚历克斯·奥斯本（Alex F. Osborn）提出的检核表。奥斯本在其著作《创造性想象》中介绍了许多新颖别致的创意技巧，有些就成了后来各种创造技法的基础。美国麻省理工学院创造工程研究室的学者从这本书中选择了75个激励思维的思考角度，分成9个方面，编制出"新创意检核用表"，以此作为提示人们进行创造性设想的工具。这种建立在奥斯本创意基础上的检核表，也被称为奥斯本检核表。奥斯本检核表由九类提问构成，如表4-1所示。

表4-1 奥斯本检核表

序号	检核项目	具体提问内容
第一项	有无其他用途	现有的东西（如发明、材料、方法等）有无其他用途？保持原状不变能否扩大用途？稍加改变，有无其他用途？
第二项	能否借用	能否从别处得到启发？能否借用别处的经验或发明？外界有无相似的想法，能否借鉴？过去有无类似的东西，有什么东西可供模仿？谁的东西可供模仿？现有的发明能否引入其他创造性设想之中？
第三项	能否改变	现有的东西是否可以做某些改变？改变一下会怎么样？可否改变一下形状、颜色、音响、味道？可否改变一下意义、型号、模具、运动形式？改变之后，效果又将如何？
第四项	能否扩大	现有的东西能否扩大使用范围？能否增加一些东西？能否添加部件、拉长时间、增加长度、提高强度、延长使用寿命、提高价值、加快转速？等等
第五项	能否缩小	缩小一些会怎样？现在的东西能否缩小体积，减轻重量，降低高度，压缩、变薄？能否省略，能否进一步细分？等等

（续）

序号	检核项目	具体提问内容
第六项	能否代用	可否由其他东西代替，由他人代替？可否用其他材料、零件代替，用其他方法、工艺代替，用其他能源代替？可否选取其他地点？
第七项	能否调整	从调换的角度思考问题，能否更换一下先后顺序？可否调换元件、部件？是否可用其他型号，可否改成另一种安排方式？原因与结果能否对换位置？能否变换一下日程？更换一下，会怎么样？
第八项	能否颠倒	从相反方向思考问题，通过对比也能成为萌发想象的宝贵源泉，启发人的思维。倒过来会怎样？上下是否可以倒过来？左右、前后是否可以对换位置？里外可否倒换？正反是否可以倒换？可否用否定代替肯定？等等
第九项	能否组合	从综合的角度分析问题，组合起来怎么样？能否装配成一个系统？能否把目的进行组合？能否将各种想法进行综合？能否把各种部件进行组合？等等

奥斯本检核表是一种具有较强实用性的创新方法。它以设问的形式，强制人们去思考和回答。由于创造发明的最大敌人就是思维的惰性，大部分人总是自觉或不自觉地沿着长期形成的思维模式来看待事物，对问题不敏感，即使看出了事物的缺陷和毛病，也不进行积极的思维，因而难以有所创新。而提问，尤其是提出有创见的新问题本身就是创新的主要组成部分。检核表法使人们突破了不愿提问或不善提问的心理障碍，在进行逐项检核时，强迫人们扩展思维，突破旧的思维框架，开拓创新的思路，从而提高了创新的成功率。

4. 组合法

组合法是将整个创造系统内部的要素分解、重组，从而产生新的功能和最优结果的方法。简单地讲，组合法是将已知的若干事物合并成一个新的事物，使其在性能和服务功能等方面发生变化，以产生新的价值。20世纪50年代以来，科技创新开始由单项突破走向多项组合，依靠新的科学原理实现的独立技术发明已相对减少，而由组合求发展、由组合导致创新已成为当代创造活动的一种重要形式。统计表明，在现代技术开发中，组合型成果已占全部发明创造的60%~70%。

组合法主要有以下几种具体方法：

（1）主体附加法。主体附加法是以某一特定的对象为主体，增添新的附件，从而使新的产品性能更好、功能更强的组合方法。它以一种"锦上添花"的方式，在原本已为人们所熟悉的事物上,利用现有的其他产品或添加若干新的功能来改进原有产品,使产品更具生命力。例如,带橡皮头的铅笔,安装了载物架、车筐、打气筒的自行车,带哨子的开水壶,加过滤网的杯子等。

(2)异类组合法。主体附加大部分也是异类组合,只是有主次之分,而这里所说的异类组合,就是两种或者两种以上事物的组合,有时难以区分主次。主要包括不同材料的组合、不同零部件的组合、不同产品的组合、不同工艺的组合、不同技术原理的组合、不同功能的组合、不同信息的组合等。

(3)同物自组法与重新组合法。同物自组就是自己和自己组合;重新组合就是将原来的事物或者原理的组合拆开,重新安排。这两种方法的基础都是分解与组合。分解与组合是两种互为逆向的创意思考方法。分解是将某一事物(原理、结构、功能、用途等)的整体分成各个组成部分以求创新的方法,它并不仅仅是一个简单分离的过程,从什么角度加以分解有一定的技巧;组合也并非简单的堆砌和罗列,它偏重于系统性和目的性,既要符合创新者的意图,又要形成一个完善的体系。在具体的创新过程中,分解与组合往往同时使用,形成一种互补式的创意思考方法。

▶ Step2:案例分析

小欧鲜氧的创新发展之路

1. 公司基本情况

小欧鲜氧是一个科技创新品牌,其创立者是北京狮尚科技,这家创业公司主营洗涤用品研发和销售。创始人周大凯说,小欧鲜氧的品牌创立来自一个灵感,即对海洋和森林的敬畏。因为只有真正安全和环保的产品,才能关照到生态系统中的每一个生物。小欧鲜氧正是提供了一系列安全环保的活氧植萃洗涤技术,成为我国首个获得"全球1000个节能解决方案"认证的品牌。

2. 小欧鲜氧的产品创新与市场创新

周大凯本科专业为商务英语,毕业以后从事进出口贸易相关的工作。正是在这时,他首次接触到目前公司产品的原材料——鲜氧颗粒。鲜氧颗粒是通过特殊工艺把氧气附聚在碳酸钠(苏打)上转换成的一种固体颗粒。这种颗粒不仅天然、安全、环保,同时还具有很好的洗涤氧化还原的作用，对增白、杀菌、去渍都有比较好的效果。但是，目前我国大部分洗衣液的成分超过 90% 都是水和黏稠剂，真正有效成分只有约 8%。而有效成分大都是一些化学制剂，不仅对环境污染非常严重，而且对人的皮肤、织物都有比较大的损伤。他想，既然鲜氧颗粒是一种可以制作高级洗护用品的原材料，那根据组合法，完全可以对原有洗涤品的成分进行新的组合，于是就有了"小欧鲜氧"这个品牌。公司在 2017 年研发出成熟的产品。小欧鲜氧的产品相较传统洗涤产品，具有质量高、环保、绿色、安全的优势。在三年的产品研发中，小欧鲜氧相比国内外的行业巨头而言，具有技术上的先发优势。先发优势和产品三年的技术积淀形成了小欧鲜氧的竞争壁垒。

相比宝洁、联合利华、雕牌等大品牌，小欧鲜氧的品牌的市场定位也追求着创新。主要是通过差异化方法达到的创新。这三家行业巨头的品牌定位是低端洗涤市场中的快消品，产品特征是价格低、低端受众、消耗快。而小欧鲜氧的品牌定位是中高端市场中的奢侈洗涤用品，产品特征是价格高、质量高、高端受众、消耗慢。

此外，公司在销售方面的创新也层出不穷。小欧鲜氧与传统行业巨头的产销模式不同。传统行业巨头的销售模式是在销售终端售卖产品，需要用户主动去终端采购，市场推广注重线下渠道。例如，家庭主妇去超市购买洗衣粉。产品服务对象是习惯于去超市购买洗涤用品的"70 后""80 后"。而小欧鲜氧的销售模式是利用互联网中的各种平台主动寻找细分市场的用户，根据细分的用户需求生产精细化的产品，再让这些产品主动寻找客户。这些精细化产品的服务对象多为喜欢送货上门的"90 后"群体，市场推广注重线上、精细化、个性化、年轻市场。为此，通过资源分析方法，创始团队寻求内容电商的帮助。在内容电商玩物志的推广下，小欧鲜氧成为洗涤市场中的火爆产品，很多渠道商纷纷找上门来寻求代理合作。就这样，小欧鲜氧开辟了销售渠道。

▶ Step3：练习与应用

1. 利用综摄法思考如下问题：试用变陌生为熟悉的方法勾画外星人的形貌；试用变熟悉为陌生的方法思考电风扇的新用途；如何将蜡烛挂在墙上作为壁灯。你能分别产生哪些新想法？

2. 尝试旧物新用，易拉罐喝完了，罐子可以做什么呢？提出至少 5 个新设想。

3. 下面的发明是利用了什么方法想到的？

尼龙搭扣的发明。一位名叫乔治·特拉尔的工程师发现，他每次打猎回来后，总有一种大蓟花植物粘在他的裤子上。他用显微镜观看残留在裤子上的植物，发现每朵小花上都长满了小钩钩，他明白了这些小东西能紧紧钩住衣服的原因。当他解开衣裤扣子时，突然想到：能不能仿照大蓟花的结构发明一种新扣子呢？他观察大蓟花的钩子形状和分布特点，并进行类比：如果在布带上也织上这种小钩钩，那么两条布带一接触不就能互相粘在一起了吗？后来，他发明了尼龙搭扣。

Step4：总结与反思

1. 理论的一句话总结

类比法、组合法和检核表法是传统创新技法中的三大基本技法，由这些技法可以延伸出许多技法，如移植法、强制联想法、信息交合法、形态分析法等。这些方法对小发明和快速解决问题非常有效，而对更复杂的问题则要利用当代的创造性解题方法，如 TRIZ 方法等，还要辅助更多的解题工具，如因果分析、功能分析、物场分析、知识效应库等才能够实现。

2. 推荐延伸阅读的文章和书籍

（1）冯林．大学生创新基础［M］．北京：高等教育出版社，2017．

（2）罗玲玲．大学生创新方法［M］．北京：高等教育出版社，2017．

（3）王滨．大学生创新实践［M］．北京：高等教育出版社，2017．

第二节
当代创造性解题方法——升级"脑件"

> **导 语**
>
> 阿奇舒勒曾对 TRIZ 有这样的评价:"你可以等待 100 年获得顿悟,也可以利用这些原理用 15 分钟解决问题。"苏联发明家安格林也对 TRIZ 有过评价,他说:"我浪费了多少时间啊,我要是早些知道 TRIZ 该多好!"

Step1: 基本理论

1. TRIZ 方法简介

随着研究的深入,当代创造性解题方法百花齐放,越来越精细化和科学化。当代创新方法中,最有代表性的要属 TRIZ 方法。TRIZ 方法也称 TRIZ 理论,是由苏联学者根里奇·阿奇舒勒(G. S. Altshuller)创立的,是一套发明创新理论和方法体系。TRIZ 是拉丁语四个词的词头的缩写,原意是"发明问题解决理论"。

阿奇舒勒最初从 20 万份专利中筛选出符合要求的 4 万份作为各种发明问题的最有效的解,然后从中抽象出解决问题的基本方法,这些方法蕴含着人类进行科学研究和发明创新背后所遵循的客观规律,可以普遍地适用于新出现的发明问题,帮助人们获得这些发明问题的最有效的解。该方法的理论基础是人类进行发明创造、解决技术难题过程中所遵循的科学原理和法则。

经过半个多世纪的发展，TRIZ 包含了许多系统、科学而又富有可操作性的创造性思维方法和发明问题的分析方法以及解决工具。主要包括以下工具：

（1）因果分析、功能分析与资源分析工具。

（2）技术系统进化法则——预测技术发展趋势，产生并加强创造性问题的解决工具。

（3）最终理想解（IFR）理论——系统进化总是向更理想化的方向发展，创造性方法是桥梁，IFR 就是桥墩。

（4）帮助克服思维障碍的思考方法（如金鱼法、小人法、九屏幕法等）。

（5）40 个发明原理——浓缩 250 万个专利中具有共性的发明道理和方法集大成。

（6）39 个工程参数和矛盾矩阵——为解决问题直接提供化解矛盾的发明工具。

（7）11 个物理矛盾的分离原理——针对物理矛盾提出的解决方案。

（8）物场分析法——用于建立与已经存在的系统或新技术系统问题相联系的功能模型。

（9）76 个发明问题的标准解法——分五级共 76 个标准解法，可以使标准的问题得到快速解决。

（10）科学效应和现象知识库——将物理现象和效应应用在问题解决过程之中。

（11）发明程序大纲（ARIZ）——针对非标准问题而提出的一套解决算法，即发明问题解决算法。

在这些发明工具中，最终理想解（IFR）理论和 40 个发明原理最为实用。

2. 最终理想解（IFR）理论

当遇到一个问题时，解题人可能要么认为太难，无法解决，要么选择常规的办法解决。创造性的解决方案真的那么难以产生吗？怎么能够克服思维障碍而产生创新成果呢？自然，不受约束、大胆地想象是最重要的。那么如何能够不受约束或摆脱约束呢？TRIZ 提供了一个非常有用的工具——最终理想解（Ideal Final Result，IFR），它是 TRIZ 中最重要的工具之一。利用这个工具，在解决发明问题之初，可以摒弃各类客观约束条件，不考虑能否实现或通过什么手段实现，采用与技术及实现无关的语言对需要得到的最终发明结果进行理想化的描述。

TRIZ 发明人阿奇舒勒指出，如果发明者在解决发明问题之初就对最终理想解（IFR）进行描述，他就会把这个理念作为基本模型，并且对这个模型进行最有效的简化和改进。最终理想解（IFR）立即就可以指明方向——使发明家少走弯路，并且得到最好的发明效果。[一]

尽管在产品进化的某个阶段，不同产品进化的方向各异，但如果将所有产品作为一个整体，低成本、高功能、高可靠性、无污染等必定是产品的理想状态。产品处于理想状态的解决方案称为最终理想解。产品无时无刻不处于进化之中，进化的过程就是产品由低级向高级演化的过程。

TRIZ 要求在解决问题之初，先抛开各种限制条件，设立各种理想模型，即最优的模型结构来分析问题，并以取得最终理想解作为终极追求目标。理想化模型包含所要解决的问题中所涉及的所有要素，可以是理想系统、理想过程、理想资源、理想方法、理想机器、理想物质等。

理想系统就是没有实体，没有物质，也不消耗能源，但能实现所有需要的功能。

理想过程就是只有过程的结果，而无过程本身，突然就获得了结果。

理想资源就是存在无穷无尽的资源，供随意使用，而且不必付费。

理想方法就是不消耗能量及时间，但通过自身调节能够获得所需的功能。

理想机器就是没有质量、体积，但能完成所需要的工作。

理想物质就是没有物质，但功能得以实现。

在解决问题之初，首先确定 IFR，并以 IFR 为终极目标而努力，可大大提升解决问题的效率。IFR 是一个解决方案，它解决了所有问题，但对系统做很少修改或没有做改变。或者可以描述为：在某种给定客观条件下，找到该系统中的自服务，以最小的代价获得最大的系统改进结果。TRIZ 倡导的就是以最简约结构（因而可靠）、最低成本、没有毒副作用的方式来实现更多的功能。它常常被表述为"某系统自己实现……"，即最终理想解有以下 4 个特点：① 保持了原系统的优点；② 消除了原系统的不足；③ 没有使系统变得更复杂；④ 没有引入新的缺陷。

[一] TRIZ 理论。

当确定了待设计产品或系统的最终理想解之后,可用这4个特点检查其有无不符合之处,并进行系统优化,以确认达到或接近 IFR 为止。

3. 40 个发明原理

人们解决问题的原理(措施)都不是单一的而是成体系的。人类积累了越来越多的创造性解决问题的措施,由简单的单一措施,过渡到复杂的成对、成套、成组措施,乃至措施体系。TRIZ 作为创造性解决问题的措施,也是成套和成体系的。

阿奇舒勒发现,虽然不同的专利解决的是不同领域内的问题,但是它们所使用的方法(技巧)却是相同的,即一种方法可以解决来自不同工程技术领域的类似问题——发明家解决问题的手段是有限的,就那么几十种。他总结出 40 种最重要的手段,称为发明原理,也称发明措施。

发明原理及其所包含的指导原则为人们提供了大约 90 种解决发明问题的方法。当人们在工程实践中遇到问题的时候,最简单的方法就是把这 40 个发明原理逐个试一遍。当前,40 个发明原理已经从传统的工程领域扩展到微电子、医学、管理、文化、教育等社会各个领域的问题。该原理的广泛应用,促使不计其数新的发明专利产生。

40 个发明原理的具体名称和对应序号如表 4-2 所示,此序号与下面将介绍的矛盾矩阵中的编号是相对应的。

表 4-2 40 个发明原理

序号	原理名称	序号	原理名称	序号	原理名称	序号	原理名称
1	分割	11	预先防范	21	减少有害作用时间	31	多孔材料
2	抽取	12	等势性	22	变害为利	32	改变颜色
3	局部质量	13	反向作用	23	反馈	33	同质性
4	非对称性	14	曲面化	24	借助中介物	34	抛弃与再生
5	组合	15	动态化	25	自服务	35	物理或化学参数改变
6	多用性	16	不足或过度的作用	26	复制	36	相变
7	嵌套	17	多维化	27	廉价替代品	37	热膨胀
8	重量补偿	18	机械振动	28	替代机械系统	38	强氧化
9	预先反作用	19	周期性作用	29	气压与液压结构	39	惰性环境
10	预先作用	20	有效作用的连续性	30	柔性壳体与薄膜	40	复合材料

4. 从技术矛盾入手解题

（1）分析矛盾。分析矛盾是解决问题的一种思路。发明创造活动的核心是解决问题。问题有不同的表述，如需求与现状的差异、困难、冲突、苦恼等，由于"矛盾"一词比"问题"一词更为抽象、更尖锐，因此用矛盾来表述技术活动中遇到的问题可能更有普遍意义。它更能够说明问题的尖锐性且更能够理解问题，因此，矛盾成为TRIZ的核心概念。矛盾也就成了发明活动的核心和切入点。

这里所说的矛盾与哲学中所说的不同，比较类似于"相互冲突""困惑"的含义。在TRIZ理论中，将冲突意义上的矛盾分为三类，即管理矛盾（Administrative Contradictions）、技术矛盾（Technical Contradictions）及物理矛盾（Physical Contradictions）。本书仅讲解技术矛盾和物理矛盾的内容。

技术矛盾是指当用已知的办法去改善技术体系的一部分（或一个参数）时，该体系的其他部分（或其他参数）就有不可容忍地变坏的现象。

这类矛盾不仅仅局限于技术、社会活动中。例如，一项政策、法规的实施会改善一部分人的福利，但其他人的福利则可能相对变低，均属于这类矛盾。这是一种广义的技术层次矛盾。这种矛盾存在于工作矛盾的深处。

（2）表达技术矛盾。技术矛盾是指在改善对象的某个参数（A）时，导致另一个参数（B）恶化。此时，参数A和B构成了一对技术矛盾。当然，这里说的改善不一定是指提高参数的数量，也可能是降低参数的数量，即一个作用同时导致有用及有害结果。A与B就如同跷跷板，彼此之间是对立的，类似反比关系；但又是统一的，表现为A与B都处于同一个系统中，相互联系、相互依存。技术矛盾的表述通常是用"……参数改善，导致另一个……参数恶化"这样的句型。

归纳起来，技术矛盾有如下几种表述方式：

1）一个子系统引入一个有用功能后，导致另一个子系统产生或加强了一种有害功能。

2）一个子系统的一个有害功能导致另一个子系统有用功能的变化。

3）一个子系统的有用功能加强或有害功能减少，使另一个子系统或系统变得更加复杂。

(3）解决技术矛盾的工具。技术常常要折中，容忍某参数的恶化。因为解决技术矛盾的传统方法就是在多个技术需求之间寻求"折中"与"妥协"，也就是"优化设计"，但不可能每一个参数都达到最佳值。之所以出现这种情况，是由人们的思维特性决定的。人们的潜意识中奉行的简单逻辑就是避免出现矛盾的情况。其结果是矛盾的双方都无法得到满足，系统的巨大发展潜力被矛盾牢牢地禁锢了。

有没有办法来突破，以彻底消除矛盾，即实现"无折中设计"呢？这种解题方式一定是创造性地解决问题，或者称为发明。TRIZ 方法就是以这个目标为方向的尝试。TRIZ 的出发点是不折中地从根本上解决矛盾。TRIZ 建议人们不要回避矛盾，相反，要找出矛盾并激化矛盾。

TRIZ 提出的解决技术矛盾的方式有以下几种：① 可以从 40 个发明原理或者方法中寻找答案或者启发；② 与通用参数结合，利用矛盾矩阵表帮助找出对应的、归纳好的一组发明原理；③ 可以将一个技术矛盾抽象化并转化成一个物理矛盾，再想办法利用解决物理矛盾的手段解决——创新的关键所在。

5. 从物理矛盾入手解题

由于大部分的技术矛盾都是由具体的物理原因造成的，所以，物理矛盾就成为解决发明课题的本质所在。

（1）定义物理矛盾。物理矛盾是由技术活动中再抽取出的一对尖锐对立的物理参数构成的矛盾。如冷与热、放大与缩小、聚合与分解等，这些参数之间的矛盾称为物理矛盾。当对一个系统或子系统提出相反的要求时，就出现了物理矛盾。例如，为了容易起飞，飞机的机翼应具有较大的面积；但为了高速飞行，机翼又应有较小的面积。这种要求机翼具有大的面积和小的面积的情况，对机翼的设计就是物理矛盾。解决该矛盾是机翼设计的关键。所以，物理矛盾是 TRIZ 需要研究解决的关键问题之一。

（2）物理矛盾与技术矛盾的区别。技术矛盾是存在于两个参数（特性或功能）之间的矛盾，物理矛盾是针对一个参数（特性或功能）之间的矛盾；技术矛盾涉及的是整个技术系统的特性，物理矛盾涉及的是系统中某个元素的某个特征的物理特性。

TRIZ 方法更重视从物理矛盾入手解决发明问题，因为物理矛盾比技术矛盾更能体现问题的本质。也就是说，物理矛盾比技术矛盾更"激烈"。对于同一个技术问题来说,技术矛盾和物理矛盾是从不同的角度、在不同的深度上对同一问题的不同表达。技术矛盾是更显而易见的矛盾,而物理矛盾是隐藏得更深并且更尖锐的矛盾。

(3) 表达物理矛盾。技术矛盾与物理矛盾之间是可以转化的,由于大部分技术矛盾都是由具体的物理原因造成的,所以,物理矛盾就成为解决发明课题的本质所在。物理矛盾就是由技术活动中抽取的一对尖锐对立的物理参数构成的组合,如冷与热、放大与缩小、聚合与分解等。一些常见的物理矛盾如表4-3所示。

表4-3 常见的物理矛盾

类别	物理矛盾			
几何类	长与短	厚与薄	平行与交叉	对称与非对称
	宽与窄	圆与非圆	锋利与钝	水平与垂直
材料及能量类	多与少	密度大与小	导热率高与低	温度高与低
	时间长与短	功率大与小	黏度高与低	摩擦系数大与小
功能类	推与拉	冷与热	快与慢	成本高与低
	强与弱	软与硬	喷射与堵塞	运动与静止

(4) 解决物理矛盾的方法。在物理矛盾中,都是互相对立的、极为尖锐的要求,有时乍看起来似乎是荒唐的、无法解决的矛盾。但是,物理矛盾的启发力也最大,因为物质的同一部分不可能存在于两种不同的状态之中,那么就只剩下一种可能,即用物理改造方法将矛盾的特性分开。

物理矛盾的解决方法一直是 TRIZ 研究的重要内容。解决物理矛盾的核心思想是实现矛盾双方的分离,于是产生了分离原理。现代 TRIZ 理论在总结物理矛盾解决的各种研究方法的基础上,提出了采用分离原理解决物理矛盾的思路。分离原理包括四种分离方法或称四种分离措施,如图4-1所示。

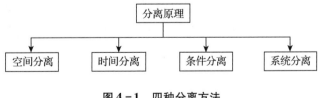

图4-1 四种分离方法

通过采用内部资源,物理矛盾已用于解决不同工程领域中的很多技术问题。所谓的内部资源,是指在特定的条件下,系统内部能发现及可利用的资源,如材料及能量。

假如关键子系统是物质，则几何或化学原理的应用是有效的；假如关键子系统是场，则物理原理的应用是有效的。有时从物质到场或从场到物质的传递是解决问题的有效方法。

1）空间分离法。所谓空间分离，是指对同一个参数的不同要求在不同的空间实现，从而实现将矛盾分离，即当关键子系统矛盾双方在某一空间只出现一方时，空间分离是可能的。应用该方法时，首先应回答如下问题：① 是否矛盾中的一方在整个空间中只呈现"正向"或"负向"变化？② 在空间中的某一处，矛盾中的一方是否可以不按一个方向变化？如果矛盾中的一方可以不按一个方向变化，利用空间分离法解决矛盾是可能的。

2）时间分离法。所谓时间分离，是指对同一个参数的不同要求在不同的时间段来实现，或不同的时间有不同的性质。当关键子系统矛盾双方在某一时间段上只出现一方时，时间分离是可能的。应用该方法时，首先应回答如下问题：① 是否矛盾中的一方在整个时间段中只呈现"正向"或"负向"变化？② 在某一时间段中矛盾中的一方是否可以不按一个方向变化？如果矛盾中的一方可以不按一个方向变化，利用时间分离法解决矛盾是可能的。例如，飞机的机翼在起飞、降落与在某一高度正常飞行时，几何形状会发生变化，这种变化就采用了时间分离法。

3）条件分离法。所谓条件分离，是指将矛盾双方在不同的条件下分离，以降低解决问题的难度。当然，不同条件下的分离表现出的也是空间或时间分离，尤其是时间分离。因为不同条件的出现一定有时间的顺序，所以该方式容易与时间分离混淆，条件分离更强调各种物理条件的变化，以及条件的活用和巧用。

4）系统分离法。系统分离也称整体与部分的分离，表示将对同一个参数的不同要求在不同的系统级别上实现，即将矛盾双方在不同层次上分离，以降低解决问题的难度。当矛盾双方在关键子系统的层次上只出现一方，而该方在子系统、系统或超系统层次上不出现时，总体与部分的分离是可能的。其中一种方式是转化为超系统，因为矛盾在超系统级别更易解决：① 将同类或异类系统与超系统结合；② 将系统转换为反系统，或将系统与反系统结合。

6. SIT 方法

SIT 是"Systematic Inventive Thinking"（系统创新思维）的缩写，它也称为"盒内

思考"（Inside the Box）、"微创新"，由德鲁·博迪（Drew Boyd）、雅各布·戈登堡（Jacob Goldenberg）、阿姆恩·勒瓦夫（Amnon Levav）等提出。

成功的产品一般都有规律可循，它们的诞生不一定源于颠覆式的发明创造，而是源于"微创新"。也就是说，创新并不一定来自天马行空、惊世骇俗的发明，而多是通过"微创新"，即在现有框架内进行微小改进，结果却非同凡响、创意无限。

因此，当面对问题时，应尽可能去找与问题无关的东西进行参照，来协助解决问题。必须"随性"模拟一切事物，哪怕这些事物与产品、服务或流程毫无关联。总之，SIT方法的核心是其理念与传统发散思维理念恰恰相反。在传统的观念中，创造力是难以捉摸的东西，它不遵循特定的规则和模式，所以要想创新，就必须尽可能地跳出框架去思考，遇到问题尽可能发散，天马行空地进行头脑风暴，直到"天外飞来灵感"，出现于头脑之中，想法越是突兀，越有助于想出突破性的点子。但SIT方法的理念是：头脑风暴不能带来好的创意，杂乱无章的思维会阻碍创造力产生；而框框的制约不会阻碍创造力发展，是催化剂；摆脱限制无异于破坏创造力，无序思维只能短暂好奇，而不是长远的。过度散漫和放任的思维会让你的观点陷入游离状态，失去创造力。也就是说，当你在自己熟悉的领域（框架内）运用给出的几个策略，就会产生创新，且想法比框架外的创新更精彩，即通过将可供考虑的变量限制在一定范围内，可以大大增强我们的创意。在熟悉的世界"里"（即在框架之"内"），使用以下五种策略（"模板"）进行思考，会产生更多的创新，不仅更快，也会更好。

SIT方法提供了一个具体思考工具——五项思考策略：

（1）减法工具（策略、措施）。将某个产品、组件或工作流程中的某个部分刻意清除出去、排除在外，即把通常看来必不可少的部分去掉，剩余部分保持原状。传统的思维常常使人们不会这么想，会使人们自觉不自觉地按传统方式看事物，产生"结构性固着"倾向，即把个别物看成整体。该工具的理念是"少即是多"，让"更少"变成"更多"。

（2）除法工具（策略、措施）。把产品或服务分解成多个部分，再将分解后的部分重组。其结果是：① 产生全新的功能；② 以全新形式呈现某功能。这个思考工具的原理也是克服"结构性固着"。人们倾向于把产品圈定在原本隶属的范围内，将其看作整体，如果熟悉的样子发生了变化，则无所适从。

除法工具具体有以下几种：

1) 功能型除法：挑出产品或服务中的某功能，改变其位置。

2) 物理型除法：将产品按随机原则分解成若干部分。

3) 保留型除法：把产品按原样缩小。

（3）乘法工具（策略、措施）。对某一个部分进行复制，先明确产品或服务所处的框架，然后将框架内的部分加以复制，即首先将框架内的部分详细列在清单上，然后从清单上选取一种，对它做乘法，最后对每一个结论加以改动，使它们各不相同。乘法工具保证了生生不息，让"更多"变成"更有新意"。

（4）任务统筹工具（策略、措施）。通过缩减选择范围来系统地帮助实现创新。只需要给产品或流程中的某个部分分配更多的任务、赋予更多的责任，并将先前各自分离的任务统筹在一起即可。常规思维总是认为事物的功能是固定不变的。而该工具引导你将一个附加的任务或功能分配给某个产品、服务或流程中的一部分，这个部分可以是内部构件也可以是外部构件，前提是必须是在框架内。附加任务可以是新的，也可以是在框架内已经出现的任务。有三种任务统筹方式：任务外包；最大限度地利用现有的内部资源；由内而外（内部元素发挥某个外部元素的功能）。

（5）属性依存工具（策略、措施）。使某个产品或工艺的某个属性随着其他因素的变化而变化。该工具要求选取两个原本不相关的属性，使它们以一种有意义的方式相互依存、巧妙相关。因为许多产品和流程所包含的元素或步骤之间是相互依存的，一个元素发生变化，另一个元素也会随之改变。例如，自然环境的颜色与动物身上的颜色看似独立的，但在变色龙身上就变成了两个密不可分、相互依存的元素，因为变色龙会随着环境颜色改变自身的颜色。其他动物不会因为环境变化而改颜色，所以没有依存关系。

▶ Step2：案例分析

米粒科技：在技术的底层变革下寻找机会

1. 公司基本情况

米粒科技是由陈寅等人创办的一家技术创新推动型公司。米粒科技目前主要的产品是为共享办公空间提供智能办公桌系统。其创新之处在于，他们在系统之上集成一个智能云系统，使得用户可以在同一共享办公空间的不同场区、不同地点，使用任何一个可以接入网络的终端设备，包括手机、平板电脑等，都可以访问自己的办公系统并存储文件。

2. 创新想法来自行业积累

陈寅在互联网行业耕耘多年，最早在豆瓣工作，后来又在美团工作了2年时间。在辗转了几家互联网公司积累下相应的工作经验之后，陈寅选择了自己创业。早期陈寅的创业项目是"下厨房"App，他是技术合伙人。这是手机上用于查菜谱的一款软件，一经面世发展势头良好，刚上线一两个月就被苹果的App Store推荐，平均每天有约2万次下载量。

从"下厨房"退出之后，陈寅开始寻找新的创业机会。在与优客工场的合作过程中，他发现作为场区遍布全国、物理空间极为分散的优客工场，需要为其入驻的企业提供云端的操作系统来解决高效办公的问题。之前创业者的办公计算机只能固定在一个地方，就算是笔记本电脑也得到处背着走。而随着移动互联网的高速发展，基于移动端的共享操作系统成为可能，也更容易被新的用户群体接受；有了新的移动端操作系统，用户走到任何一个地方，如机场、火车站、酒店等，都可以通过云端连接到自己的操作系统办公。当时传统的厂商主要是做基于PC端的网站，转做移动互联网平台需要时间，这就为陈寅打开了机会窗。于是，陈寅开始与优客工场探讨合作方向，最终确定成立一家新的公司，优客工场成为控股方，项目的天使用户均由优客工场提供，陈寅及其团队来研发和运营这个项目。

3. 创新的判断与把握

陈寅创办米粒科技的基本判断，是认为支撑市场的底层技术变量出现了大的变化，以至于市场上将会有一个比较大的商业机会出现。技术的改变会提供很大的市场红利，如移动互联网的普及会让在移动互联网上做游戏、做内容、做工具的公司更有机会，而物联网相关技术的普及也催生了共享经济并促进其实现方式逐步成熟。所以，在选择市场机会的时候，如果能挑选一些底层有变量的，就有机会能捕捉到创新点。

例如，苹果计算机和Windows的计算机用的都是英特尔的芯片，而英特尔和Windows长期有一个垄断的联盟，早期苹果的市场份额不太高。随着iPhone的流行，很多人会为了更方便地与手机同步传音乐等，所以使得苹果计算机的市场占有率变高了。但是，苹果计算机现在用的还是英特尔的芯片，所以本质上苹果和Windows体系的计算机还是在一个联盟里，整个产业链包括芯片、主板、计算机、软件以及用户，都是在同一个产业链里面的联盟。在这个联盟里面没有太多明显的机会，整个 PC 市场都已经饱和了，现在每年的出货量都在下降，所以这个市场很拥挤了，而且没有特别明显的机会。

但是，移动互联网的发展促使手机和平板设备越来越多，手机和平板设备用的全部是 ARM 体系结构的芯片。现今时代，手机上的芯片已经与英特尔芯片的性能差不多了，但是其价格更便宜。此外，底层的 ARM 构架本身是一个低功耗的构架，比英特尔芯片的功耗更低一点。在这样的背景下，底层技术变量出现巨大改变：用 ARM 架构的 CPU 来做 ARM 的板卡，因为 ARM 的集成度更高，显卡也可以集成在 CPU 里面，板材可以做得非常小，平板设备和手机都可以更加精简。这样就会出现一个巨大的市场，导致原来英特尔联盟的人也都陆续往新的领域转移。现在已经有很多 ARM 架构的平板电脑和笔记本电脑在销售了，新的创业机会将在这种范式转移的过程中逐步明晰。即在技术的底层变革下寻找机会，这个机会就是智能共享办公。这种创新思路实际上利用了 40 个发明原理中的多个原理，如自服务、局部质量、多用性、预先作用等，它是将这些原理灵活运用的结果。

▶ Step3：练习与应用

1. 母亲带孩子在路上行走时，一只手要拎包，另一只手还要牵着孩子，这样两只手都被占用了。那么能用一只手实现拎包和牵着孩子吗？试从最终理想解的角度解决这个问题，例如从改进女士手拎包入手，来满足上述要求（使功能增加）。

2. 熟悉 40 个发明原理，找出至少 5 个原理，解决你之前在选题阶段确立的发明课题，并给出几个解题设想。

3. 试着改进雨伞和手机。先确立问题，然后指出这个问题构成什么技术矛盾，归为哪对参数，最后通过 40 个发明原理或者查阅矛盾矩阵表找到解决方案。

4. 列举生活中存在的物理矛盾，例如，胶是一种黏稠的、有流动性并且能挥发、凝固的液体。正因为胶的这种黏性，使物体之间能够黏结在一起。但是，在物体表面涂抹胶时，也会将使用者的手指黏结起来，这是人们不希望发生的情况。请针对这种情况进行分析，定义其中的物理矛盾，并运用分离原理加以解决。

Step4：总结与反思

1. 理论的一句话总结

以 TRIZ 方法和 SIT 方法为代表的现代创新方法，为人们解决复杂问题提供了非常有效的工具。其中，最终理想解理论、40 个发明原理、从技术矛盾入手解题、从物理矛盾入手解题、SIT 方法等都总结了大量创新案例和规律，从不同层面帮助人们产生大量的创新设想。

2. 推荐延伸阅读的文章和书籍

（1）加德. TRIZ——众创思维与技法［M］. 罗德明，译. 北京：国防工业出版社，2015.

（2）赵敏. TRIZ 进阶及实战［M］. 北京：机械工业出版社，2018.

（3）博迪，戈登堡. 微创新：5 种微小改变创造伟大产品［M］. 钟莉婷，译. 北京：中信出版社，2014.

第三节

撰写一份有实效的商业计划书

> **导 语**
>
> 商业计划书的制订过程，也是你学习、提升的过程，它能让你成为自己所在行业的专家。通过筹划、撰写商业计划书，你可以更好地预判未来，节约时间和资金成本。这对公司未来的成功而言是个一"本"万利的投资。
>
> ——摘自《我是这样拿到风投的：和创业大师学写商业计划书》前言

Step1：基本理论

有了创新解决方案，接下来可以去创业，或者通过创业的方式获得资助继续完善发明。这就需要有商业计划书。商业计划书是创业者计划创立项目的书面呈现。

1. 撰写商业计划书之前需要知道的事情

（1）商业计划书的作用在于帮助理顺思路。创业者需要清楚地意识到，商业计划书在被打印出来的那一刻起就过时了。因为市场是瞬息万变的，你看到的机会可能已经有人在做，也可能现在想到的点子等真正开始做的时候才发现和设想不一致。但是，学着撰写商业计划书仍旧是有意义的，制作商业计划书是理清思路的过程。创业想法不等于商业计划，想法是混乱且没有条理的，你需要将其一步步细化，直至成为一个行动中可资借鉴的纲领文件。

（2）和真正创业不是一回事。撰写商业计划书可能会花费不少的时间，让创业者感到疲惫，但撰写商业计划书不等于创办企业，只有在真正创办一家企业的时候，人们才会意识到"纸上谈兵"是多么轻松。

（3）保证撰写时亲力亲为。由创业者自己，而不是外部专业人撰写计划。商业计划书当中的有些内容确实需要专业知识，撰写这部分内容时可以组内分工，也可以请教外部顾问，但不能让外聘的人员，如律师、会计师等代劳。因为撰写商业计划书是将自己内生的想法外显的过程，而这个过程别人是无法完全理解的，必须由自己表达。而且，撰写不熟悉的内容对创业者来说也是一个弥补知识短板的机会，理应抓住这个机会多加学习。

（4）确定行动步骤。首先要做好信息细分，确定计划书准备划分成几个部分，哪个部分最重要且紧急，由谁来负责，第一稿和终稿完成的时间要多久；其次，创建工作日程表，明确撰写任务的先后顺序；再次，分配的任务要尽可能明确，并且是可执行的，创业者要检验进度安排是否冲突或不切实际；最后，计划书撰写完毕后，交给可信赖的外部专家评审初稿，并根据评审意见做修改。

（5）展示创业计划时多听多问。商业计划不是融资计划，尽管创业者确实需要带着商业计划书去向投资人展示自己的想法。在推销商业计划时，除了必要的介绍以外，多花些时间听听投资人是怎么评价的，这其实是一个非常难得的学习机会。创业者应该想办法让投资人回答几个问题：我们还缺少什么？哪些地方是薄弱环节？谁会打败我们？假如是你，你会用什么办法和我们竞争？你会有什么不同的做法？到哪里可以找到我们需要的人？一旦项目发展起来，我们如何保持成功？

2. 商业计划书的基本信息

（1）商业计划书的封面信息。商业计划书封面上的信息主要是自我介绍，包括公司（项目）名称、负责人姓名、联系电话、电子邮箱、撰写日期等。建议创业者在封面或者封底附一条保密声明：本商业计划书基于保密的原则提交，未经许可不得以任何形式复制、储存、复印和散发本计划书，特此声明。内生创业者的创业项目主要是基于创新开发而来的，这样做的目的是提示本计划书的阅读者具有维护创业者创新价值合法权利的义务，并承担相应的违法责任。

（2）商业计划书的摘要内容。摘要可谓商业计划书的"文眼"，需要在一页的篇幅内将商业计划书的精华浓缩体现。创业项目的评审者及资深投资人往往通过对商业计划书摘要的几分钟阅览即可判断项目是否有进一步接触的必要，因此需要引起创业者的高度重视。要点包括用户面临的问题、产品或服务简述、市场及发展预测、竞争优势（创新点）、核心营销策略、盈利预测以及团队构成。

（3）商业计划的逻辑结构。商业计划实质上就是对自己如何发现一个创业机会并准备怎么做进行的梳理。商业计划书里要解释清楚的事情包括要做什么事，为谁做，解决了什么问题，这件事由谁来做，我们为什么愿意做，准备怎么做，靠什么赚钱，打算怎么发展，怎么应对风险等。

由于商业计划书内容丰富，具有较为严格的逻辑要求，为了便于记忆，根据每个逻辑点的英文名称，可以将其归纳为"4W3T2P"商业计划要点体系。

项目描述的"4W"：这部分解释的是项目的缘起，包括产品描述（What，要做什么事情）、目标用户（Whom，为谁做这件事）、问题描述（Why，为他们解决了什么问题）和团队构成（Who，这件事由谁来做）。

市场描述的"3T"：这部分解释准备怎样执行这个项目，包括市场分析（Market，因为有市场，所以愿意做）、营销策略（Marketing，准备怎么做）和盈利模式（Profit，如何赚到钱）。

发展描述的"2P"：这部分解释未来发展的策略，包括发展规划（Plan of Development，打算未来怎么发展）以及风险应对（Prevention of Risk，预判风险及如何处理）。

该体系结构可以描绘为如图4-2所示"4W3T2P"商业计划书要点体系。

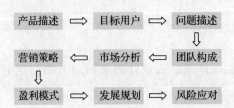

图4-2 "4W3T2P"商业计划书要点体系

3. 商业计划书正文的构成及撰写

（1）项目描述

1）产品或者服务介绍（What）。这部分要介绍清楚产品是什么样，或服务的内容是什么。作为一款创新型产品，主打功能要紧扣你想解决的问题，而非强调功能的多样性。要解释产品如何帮助用户"止痛"，创新点在哪里。技术性创新型创业项目需要注意，不宜在计划书中长篇累牍地介绍技术机理、工作流程、技术参数等细节，一方面是为了适当的技术保密，另一方面，过多的技术细节可能会转移阅读者对项目本身的兴趣，转而在技术层面纠缠不清，这并非撰写商业计划书的本意。

2）目标用户（Whom）。对目标用户越理解越好，这涉及几个方面：首先，目标用户要聚焦，他们最好是某一类人，而非某几类人；其次，要了解的用户信息主要包括基本属性（年龄、性别、地域、职业）、消费习惯、行为特征、兴趣偏好、心理特征、常用网络等。将这些信息标签化和虚拟图像化的过程就是"用户画像"的过程。他们的特征比较鲜明，你可以在头脑中虚拟一个人物出来，把这些人的标签串联在一起放在这个人物身上。了解的细节越多，这个人物的设定就越丰富。

3）问题描述（Why）。需要清楚地知道用户遇到的问题，或者他们的痛点是什么；否则，产品和服务就没有针对性，创业项目就变成了自说自话。有些问题比较清晰，但有些问题则比较隐蔽，有时候用户自己也描述不清楚，需要进一步澄清问题到底是什么。

微案例：福特在设计汽车之前，曾询问过很多人的需求："您需要一个什么样的更好的交通工具？"几乎所有人的回答都是："一匹更快的马。"这其实只是问题或者需求的表象而已。假如再深究一下用户为什么需要跑得更快的马，用户就会回答因为这样就可以更早到达目的地。所以，用户真正的需求是用更短的时间、更快地到达目的地。

4）团队描述（Who）。创业团队介绍是用来说服商业计划书的读者：我们的团队构成是必要的，缺一不可，具有优势的互补性，并且具有较强的专业能力和敬业精神。对于已经开展创业实践的团队而言，可以介绍目前团队的组织架构，即必要的职位、人员；要介绍关键成员，详细描述其本行业经验和成果，团队目前的股权分配情况和激励机制；此外，还可以介绍项目得到的外部专家支持，如行业权威或优质中介等。

(2) 市场描述

1) 市场分析（Market）。这部分需要帮助读者快速认清你所处行业的发展现状，要解释目前的市场容量有多大，市场的特征是怎样的，目前市场是如何细分的，在细分的市场领域中你面临哪些竞争对手，他们各自处于怎样的发展阶段，各有什么特色，面对竞争你的差异化如何表现。这部分的撰写需要多用数字证明，多用曲线图、柱状图等直观工具表达观点，摘抄新闻、大面积摘录商业报告、定性的描述则难以让读者信服。

2) 营销策略（Marketing）。再好的产品最终也得销售出去。这部分要制订好总体的营销策略，在充分考虑竞争、成本、利润、客户认可度及客户的消费频率对价格的影响后，确定定价策略，根据产品或服务所处的业态来描述你的广告促销方式和销售战术，如自营、分销、拆利或佣金。当产品或服务销售出去后，如何做好保修、回馈等售后服务及客户维护。需要注意的是，定价不是越低越好，它应该在一个合理的范围内波动。市场推广策略应该采用多渠道推进的方法，不能简单化、平面化。营销策略要基于现实情况做好中长线的布局，如"项目启动后将在2年内占据市场40%的份额"的营销目的，是有现实基础，还是仅仅基于创业者的雄心壮志，需要谨慎思考。

3) 盈利模式（Profit）。盈利模式不仅仅是说明要怎么赚钱，而应该是包括收入结构、成本结构以及相应目标利润的整体财务设计。成本概算应包括固定成本、可变成本，弄清楚行业基准。收入结构要说明钱可以从几个渠道赚到，每个渠道的成本和收益情况如何，大概何时可以达到盈利。盈利则要考虑销售毛利和经营利润、利润潜力和持续期、达到盈亏平衡或正现金流的月数。正在进行的创业项目还可以提供一定时期内（通常为1年）的资产负债表、利润表、现金流量表来证明自己的财务预期。假如创业团队不具备这部分知识，可以委托外部专业人士来做，但创业者一定要深入参与讨论，基于项目的真实情况做出结论，并经得起验证。

(3) 发展描述

1) 发展规划（Plan of Development）。需要说明产品或服务的成熟度如何，是在构思阶段还是处于实践阶段。如果产品或服务还处于构思或者起步阶段，需要报告目标用户测试的结果反馈如何；如果产品或服务已经面世，需要结合财务预期说明当前的运营情况，包括目前已经积累多少用户、销售额怎样、市场增长情况如何等。介绍现状之后要列明下一步的发展目标是什么，建议用路线图来说明项目每一步的里程碑事件。

2）风险防范（Prevention of Risk）。风险既包括财务风险，也包括经营风险。财务风险包括现金使用风险、成本超支风险等；经营风险包括竞争风险、人员流动风险、行业不利因素风险、未达到销售预期的风险、日程超期风险等。这里关键是要指出降低风险的思路和措施。

正文撰写完毕后，可以准备几份附录文件，即支撑你说法的相关资料信息，如市场调查问卷、关键人员的简历、专有权证明、法律法规等。

Step2：案例分析

"果酱音乐"商业计划书要点分析

1. 背景介绍

"果酱音乐"项目是第三届中国"互联网+"大学生创新创业大赛国赛金奖项目。分析其商业计划书要点对掌握计划书的写作具有很大帮助。

2013年，创始人兼CEO邹扬毕业于北京邮电大学模式识别专业。2015年6月，果酱创始团队正式成立。创始团队成员都不是音乐科班出身。理科的学习培养了邹扬理性思考的能力，虽然他爱音乐，大学玩过6年乐队，但他强调创办果酱音乐是一项很理性的创业，并不是一时冲动。他发现音乐的传播路径在变，但整个行业还是面临传播渠道和音乐人高度分散的问题。于是他想做在新媒体上的音乐传媒。而做这件事情的动机很简单，就是想帮助那些没有上过《中国好声音》《中国好歌曲》等节目但有才华的音乐人，帮他们走出来。

2. 商业计划书要点分析

公司创立时的商业计划书包括如下内容：

（1）**产品描述（What）**：音乐自媒体，依托于网站、App、微信、微博、今日头条等各大媒体平台，构建了拥有千万级粉丝的新媒体矩阵，立志打造早期音乐人的生态服务入口。

（2）**目标用户（Whom）**：早期用户为音乐爱好者，中期拓展到音乐艺人。

（3）**问题描述（Why）**：音乐行业的宣发渠道和优质音乐艺人之间有着严重的信

息不对称，互联网产业对整个音乐产业的渗透率不足20%，有大量优质音乐艺人需要线上宣传和曝光渠道。

（4）团队构成（Who）：邹扬，果酱音乐创始人、董事长、CEO，多年互联网从业者，拥有丰富的互联网产品研发、运营经验，以及丰富的企业管理经验；带领果酱音乐发展成为国内最大的音乐新媒体平台，实现用户规模超过300万人，完成天使轮、Pre-A轮、A轮共数千万美元融资；曾入选"2016中国文娱产业峰会年度潜力CEO"。朱春龙，果酱音乐联合创始人、副总裁、资深乐评人，具有5年音乐自媒体经验，国内首个音乐自媒体联盟创始人；曾先后为崔健、郑钧、汪峰等知名音乐人撰写独家乐评稿件，曾为索尼、华纳等众多唱片公司制订营销方案，全网曝光量过2亿人次，曾负责过国内30位一线音乐人的演出宣传策划。许敏，果酱音乐演艺总监，星空传媒高级项目经理，《中国好歌曲》第二季学员选拔负责人，全面操盘《中国好声音》线下演出项目。朱俊璋，果酱音乐产品总监，在果酱音乐任职期间先后将果酱系产品（PC网站、M站、App）完成规划改版，为媒体产品持续发展打下基础；加入果酱音乐前曾负责jing.fm音乐电台自然语言优化及曲库管理。

（5）市场分析（Market）：2015年我国音乐产业总产值达到3018亿元，是电影行业的6倍，同比增长5.85%，增速较2014年的4.9%提高了19.4%，标志着我国音乐产业继续保持中高速增长。2016年上半年通过互联网收听音乐的用户增加了约2500万人，手机端音乐用户的增长更为强劲，使用手机收听音乐的用户超过1亿人，在手机网民中的占比由2015年年底的22.5%提升至27.7%。我国已经成为名副其实的音乐新媒体用户第一大国。"音乐+互联网"的融合发展模式表明音乐产业内的各细分行业之间、音乐与其他行业之间的产业边界，正在技术和资本的渗透下不断被突破，形成了基于用户需求价值最大化的新的产业生态。

项目主要竞争者如下：

1) 经营模式：数字音乐流媒体平台

　　代表企业：（具体名称略）

　　经营业务：以播放器为核心的音乐收听工具；大而全的音乐曲库。

　　盈利模式：未明。

2) 经营模式：音乐垂直式服务提供

　　代表企业：（具体名称略）

经营业务：广告客户可委托平台发布音乐创作任务，说明创作方向和简介，由平台上的音乐人、制作人接单进行创作。平台起到广告客户和原创者之间的运营、协调及管理的作用。

盈利模式：广告商定制。

3）经营模式：数字音乐终端发行服务

代表企业：（具体名称略）

经营业务：目前国内最大的数字音乐发行平台，为终端提供服务，在智能终端上为手机、PC、平板电脑等提供流媒体播放；全球接入发行渠道200多个。

盈利方式：终端付费收听，收入分成。

4）经营模式：音乐娱乐化经营模式

代表企业：（具体名称略）

经营业务：组建音乐创作和制作团队，自资创作音乐作品；通过购买版权形式或UGC（网友自制上传）形式扩大市场规模；依靠原有的业务优势，通过数字音乐供应、微博分享，对数字音乐进行传播和分享；提升自身品牌价值与用户凝聚力；获取独家的广告合作资源，保证网站收益。

盈利模式：贴片广告、内置广告、活动赞助商、品牌定制。

果酱音乐竞争优势：在内容出品上，已构建了一套从图文到视频、从音乐到泛娱乐、从线上到线下的新媒体矩阵，音乐内容品类广泛，制作机制灵活，旗下合作艺人数百位，可以批量化生产高质量的单曲和专辑。在内容传播上，果酱音乐拥有50个自媒体宣发渠道，日均覆盖2000万名精准音乐类用户，相比其他任何竞争对手（包括唱片公司、演出商、传统电台等），已领先一个数量级。在内容变现上，果酱音乐已拥有广告、电商、会员、演出、艺人经纪等多元化的盈利模式，目前已实现规模化营收，2017年以来，每月保持30%营收增速。预计2018年整体营收将突破5000万元，利润率高达50%，将远超上述竞争对手。

（6）营销策略（Marketing）：专注服务音乐产业链，满足产业链中的音乐制作、作品发行、整合营销等需求，市场规模高达500亿元。

目前定价策略：全网宣发10万~100万元/次，线下演出20万~500万元/场（票房），整合营销200万~1000万元/例。销售渠道和宣传推广是依靠优质内容来扩大的。除图文形式以外，果酱音乐在内容上还拥有一档音频节目"海盗电台"（半年播放量超过 1000 万次），以及一部刚推出的脱口秀《头文字 B》，用泛娱乐的态度来讲音乐圈，首期全网播放量 25 万次。媒体平台"摇滚客"是果酱音乐最早的一块业务，主要为国内独立厂牌与独立音乐人提供曝光渠道。基于媒体属性，公司也陆续搭建了自己的内容分发渠道。目前，果酱音乐在微博、微信、今日头条等平台共有 20 个自建账号，订阅量 80 万人。另外也会以内容换流量的方式与第三方渠道合作。

（7）盈利模式（Profit）：在艺人社区中，通过将商务需求与音乐人对接获取增值收入，2017 年预计营收 500 万元。果酱音乐的营收包含在线广告、演出票房和艺人佣金三种方式。在媒体业务中，由于果酱音乐拥有音乐行业最大的精准流量，内容涉及图文、音频、电台、短视频等多种形态，全网已布局超过 30 个分发渠道，目前已具备贴片广告、固定广告位、定制软文、个性化推荐、全案营销等多种广告植入方式，已有超过 50 家广告主入驻果酱音乐的投放体系，预计 2017 年收入 300 万元，2018 年收入 1200 万元。在线下演出中，果酱音乐共拥有三款演出品牌，每年运作中小型演出 30 余场，观众人数超过百万人，线上直播人数达千万人，演出票房、商务赞助、周边售卖是三类主要收入来源，预计 2017 年营收 200 万元，2018 年营收 1600 万元。

（8）发展规划（Plan of Development）：短期阶段聚焦于内容制作、全网宣发、整合营销媒体平台，陆续搭建自己的内容分发渠道。中期果酱音乐的发展方向是"造星"，即打造"媒体—发行—造星"的模式。果酱音乐的最大机会是在最早期的时候发现优质音乐艺人，未来就有可能成为"造星产业"的最上游，向经纪公司输送苗子。长期发展规划，果酱音乐的 MCN（Multi-Channel Network）业务不再局限于为自身孵化的音乐人提供服务，而是以一种更开放的姿态，利用自己线上的巨大流量与线下的资源，帮助经纪公司、唱片公司、音乐人、音乐节目等合作伙伴做好宣发。

（9）风险防范（Prevention of Risk）：运用好三大优势，做好运营风险防范：第一是品牌优势，果酱音乐是国内最早的音乐自媒体，无论是用户规模、公司规模、业界资源都要保持行业第一；第二是用户优势，果酱音乐全网有超过 600 万名订阅粉丝，微信端超过 100 万人，线下演出覆盖人数 100 万人，领先行业第二名一个数量级；第三是资本优势，果酱音乐已获著名音乐人汪峰及梅花天使、娱乐工场、银杏谷资本等多家顶级 VC 数轮投资，是国内融资最大、估值最高的音乐新媒体之一。

Step3：练习与应用

1. 用户画像练习

用户属性	用户故事
姓名 职业 居住地 兴趣爱好 常用网站	
行为特点	
消费习惯	

2. 问题和需求的澄清

现在假设有一名在北京上班的通勤族，他每天需要乘坐地铁上下班，单程通勤时间长达 1.5 小时。经过长时间的乘车、拥挤和噪声，他往往刚下地铁就丧失了一天的好心情，工作也提不起劲来。

（1）你认为这名通勤族的问题是什么？

（2）列出至少 3 个可以满足他需求的解决方案，并解释哪一个是最佳方案。

方案 1：＿＿＿＿＿＿＿＿＿＿＿＿＿＿＿＿＿＿＿＿＿＿＿＿＿＿＿＿＿

方案 2：＿＿＿＿＿＿＿＿＿＿＿＿＿＿＿＿＿＿＿＿＿＿＿＿＿＿＿＿＿

方案 3：＿＿＿＿＿＿＿＿＿＿＿＿＿＿＿＿＿＿＿＿＿＿＿＿＿＿＿＿＿

最佳方案及理由：＿＿＿＿＿＿＿＿＿＿＿＿＿＿＿＿＿＿＿＿＿＿＿＿

3. 撰写商业计划书

按照本节所讲内容，撰写你们团队的商业计划书，提交教师审阅后进行修改。

Step4：总结与反思

1. 理论的一句话总结

商业计划书要做到：首先是逻辑清晰，按照创业的基本逻辑（4W3T2P）来介绍项目；其次是重点突出，对用户、产品、市场三大要素做重点介绍；再次是简洁明快，内容上要避免长篇大论和重复啰唆，装帧上要避免花哨；最后是通俗易懂，尽量减少术语和技术描述，让读者都能够看懂。

2. 推荐延伸阅读的文章和书籍

（1）邓立治. 商业计划书：原理与案例分析［M］. 北京：机械工业出版社，2015.

（2）芬奇. 如何撰写商业计划书（第五版）［M］. 邱墨楠，译. 北京：中信出版集团，2017.

（3）查克阿拉基斯，等. 我是这样拿到风投的：和创业大师学写商业计划书［M］. 梁超群，等译. 北京：机械工业出版社，2015.

第五章
准备出发——筹划创业行动

创新创业实战教程

第一节　组建团队

第二节　内生创业资源的开发

第三节　商业模式设计与创新

第一节

组 建 团 队

> **导 语**
>
> 能力再强的人创业都需要一个团队,需要一组同甘共苦的人,密切协作去实现一个使命。
>
> ——拉卡拉集团董事长 孙陶然

Step1:基本理论

美国创业教育专家蒂蒙斯(J. A. Timmons)教授认为,创业成败的关键,在于能否精心设计企业愿景,并且带领、激励、说服和诱导骨干人员实现企业目标。这对解释内生创业的成败同样适用。下面讲解内生创业者应该如何组建创业团队以及如何设计股权结构。

1. 团队组建的基本原则

(1)目标一致。内生创业团队强调的是内在动机的趋同(尽管不会完全一样)。团队成员为了一个共同的事业目标聚在一起,通过分工协作、信息共享,从而做出决策。

而在机场准备乘坐同一架飞机去往同一个目的地的乘客，只能算作一个群体，还不能被视为团队。

（2）贵精不贵多。一方面，相对精简的队伍管理难度较小，创业者可以将更多精力放在产品和业务模式上；另一方面，由于人数较少，开展活动需要人人配合协助，就可以更好地考察团队成员分工协作的意识和能力，同时也可以更好地培养团队成员之间的信任感。

（3）能力互补。成员之间要在知识、能力、性格、人际关系资源、行业经验方面发挥最大价值。大学生创业经常选择自己的同学作为伙伴，但大家知识能力的长处与短板基本是一样的，也容易出现相似的思维定式。最好跨专业寻找合作伙伴，让专业的人做专业的事。

（4）有相似的价值观。每个人投身创业的动机可能都不一样，但内生创业团队基本的价值观要一致，否则早晚面临拆分。

下面是一些较为重要的价值判断：

1）在妥协和坚持之中寻求平衡。团队行事不可能照顾到每一个人的意愿，需要团队成员考虑到整体的利益，必要的时候要牺牲自己的利益。另外，遇到问题需要及时、准确地反馈，尤其在创业初期团队人数较少的情况下，在创业过程中有任何想法都要直率地表达出来，一旦形成合议就要执行。

2）以赞赏的心态和伙伴开展合作。作为组织的一员要充分发挥其他成员的长处，对他们的付出表示肯定，遇到困难时互相激励，遇到问题时主动帮助。那种互相轻视、遇到其他成员分工内的问题事不关己、对其他成员出错幸灾乐祸的心态，在任何一个创业团队中都是不受欢迎的。

3）坚守基本的道德观念。创业中的道德观念不只是对某种抽象道德精神的信仰，而是对特定社会条件下伦理原则、道德规则、生活逻辑的认可和执行。对于基本道德观念缺位的人，人们很难对其发自内心地产生信赖，一旦成立企业，如有代理合谋、商业腐败等行为，将从根本上摧毁企业。

4）对项目长期发展的理解。内生创业可以被理解为开创事业，是创业者及其伙伴根据自己内心的确认，从无到有开展新的领域探索，而非简单地开办一家企业。因此，内生创业者不应该期望一夜暴富，更应该立足长远，在稳步推进和小步迭代的前提下保持耐心，不要因为眼前的得失和小利而放弃远景。

2. 设计股权结构

为了形成制度，对项目团队成员的权利义务做出根本性安排，需要对创始团队的股权结构进行设计。

什么是股权呢？股权本质上属于财产权，主要包括经营管理权、监督权和资产收益权。

根据《中华人民共和国公司法》的规定，上述权利可细分为 12 种：表决权、选举权和被选举权、依法转让股权或股份的权利、知情权、建议和质询权、新股优先认购权、股利分配请求权、提议召开临时股东大会和自行召集的权利、临时提案权、异议股东股份回购请求权、申请法院解散公司的权利以及公司剩余财产的分配请求权等。

那么，谁会参与股权分配呢？主要是创业团队早期的核心成员，包括创始人、合伙人、骨干员工和投资人四类人。他们在项目当中承担风险，投入资本（人力和资金上的）、输出价值，是股权分配最重要的对象。具体包括如下内容：

（1）创始人的股权分配。创始人的诉求是掌握公司的发展方向，所以在早期做股权设计的时候必须考虑到创始人的控制权，应有相对较大的股权。

（2）合伙人的股权分配。作为公司的所有者之一，合伙人是创始人的追随者，希望在公司有一定的参与权和话语权。其股权应体现其话语权力。

（3）骨干员工的股权分配。骨干员工在公司的高速发展阶段起到重要作用。在做股权设计的时候需要把这部分股权预留出来，即通常所说的期权，等公司处于高速发展阶段时，满足骨干员工分红权。

（4）投资人的股权分配。投资人追求高回报，对创业项目，他们的诉求是快速进入和快速退出。在股权设计中投资人往往要求优先清算权和优先认购权。

设计股权结构应考虑如下要点：

（1）股权设计不是一劳永逸的。创业团队要综合考虑股权的变动性，必要时对股权及预留期权池进行调整。此外，应考虑到合伙人会发生变动，提前约定好成员进入和退出时股权的安排。

（2）股权设计要体现差异性。在具体分配股权时，要考虑的要素有创业思路、商业计划准备、敬业精神、所承担风险、工作技能与经验、自主责任感。其中，创业思路和商业计划准备对于大学生创业者而言相对是难点,能够解决这一问题的外部顾问的作用可能会被放大,从而被给予比例偏大的股权回报。因此,青年创业者需要正确评估外部顾问的贡献。

Step2：案例分析

企业盒子如何打造核心团队

1. 企业基本情况

企业盒子隶属于北京万企云服科技有限责任公司,专注于企业服务领域高品质搜索与交易的应用,面向孵化器、联合办公、科技园区、商务中心等空间运营商,精选优质企业服务商,通过共享价格,共享品质,共享优质服务资源库,帮助空间运营商构建其企业服务体系,更好地服务入驻空间的中小微企业。

企业盒子的目标是降低中小微企业在选择企业服务时的决策成本与失败成本,以空间服务升级为依托,通过线上数据征信系统与线下的行业内调结合,配合客户案例调研与空间实践甄选,帮助企业高效、放心地找到所需服务。

2. 企业的核心团队

范宇是企业盒子的创始人,他是一位连续创业者。第一次创业是做广播传媒的技术设备供应商,广电总局曾经是他们的客户。因为公司规模小,赚来的钱只够给员工发工资,业务规模始终没有起色,最终范宇关闭了公司。2012年年初,范宇开始了直播创业。那个时候直播行业的OTT盒子很受社会关注,于是他也开始做直播硬件设备。为此,他还在百度百科上面创建了"OTTCDN"这个直播领域的专有名词。公司面对的行业是教育业、婚庆和培训,产品是直播盒子——一款直播智能硬件设备。当时的市场策略是以婚庆公司为渠道服务办婚礼的客户。但是,当时社会上对直播的接受度不够,新婚夫妇出于对自己隐私的保护,不愿意对婚礼进行直播。最终婚礼直播项目失败,范宇进入百度工作。2016年年底,范宇找到百度的同事再次创业。公司很快就获得了华盖资本和优客工场的种子轮投资。公司最开始做企业服务平台,类似于网上商城、网易严选这种平台,后来发现这种平台的运营成本远高于收益。范宇认为,这种企业服务平台的商业模式是一个伪命题。他也曾模仿猪八戒网对平台进行转型,但是效果也不理想。2016 年 9 月，公司转型做智慧空间企业服务。2017 年 4 月，公司就生产出了第一款转型后的产品——企业盒子。由于这款产品填补了行业空白，而且获得了一批忠实的种子用户，所以该产品在市场的初期表现不错。公司靠这款产品创造了收入。在这次转型后，公司的盈利模式就是为小微企业提供智能设备服务，然后收取费用。

不过，公司很快又进行了第二次转型。因为公司打造的产品是一个细分领域的产品，产品的可服务对象少、客户购买力弱、市场规模小。为了谋求更多的市场，公司转型升级为楼宇地产智能化服务商。企业盒子选择楼宇智能化作为业务方向的原因有三个：① 我国有智能化运营需求的楼宇非常多。例如，全国的写字楼就有 140 万栋，物业公司每年固定花费的预算就达 5000 亿元。② 该行业目前的服务水平较低，从业人员素质不够高。正因为行业服务水平低，企业盒子才有竞争力。③ 这个时代正在由增量时代转变为存量时代，未来的新增楼宇会很少，楼宇运营商需要用新技术和精细化的运营管理来降低运营成本。④ 这个行业有较高的行业壁垒，服务商需要有本国身份、行业资源、行业经验。为此，范宇找到了现在的主要合伙人王蕊升级项目。王蕊目前是企业盒子销售负责人，2006 年就是三星（中国）投资有限公司大客户经理、三星 B2B 业务元老级成员之一，做过全国业务，也带过华北、华南、西南团队；2012 年成为北京奥维智信科技有限公司销售总监，拥有 10 年以上 IT 智能化战略及销售团队管理经验，有丰富的行业上下游供应链资源及企业客户资源；曾任楼小二电子商务有限公司北京分公司总经理，在楼小二工作期间，王蕊全面主持北京分公司的工作，从 0 到 1 地搭建分公司团队。

3. 企业盒子的团队搭建

范宇现在的团队也迭代过二三次，他认为招人其实是从头到尾贯穿整个创业过程的一件事情。最初的合伙人是一起从百度出来的同事，还有同事介绍的同事，但是发现一些人不能和公司一起走到最后，而且随着业务的发展、理念的变化等，会发生团队的迭代，这都是正常的。现在的核心团队由以前血族科技的联合创始人做技术，楼小二的北京分公司经理负责销售。这些成员都是在逐渐招人的过程中碰到的，也在逐步磨合、完善。

说到团队磨合，范宇认为形成"背靠背"的关系很重要。背靠背就是把自己的后背交给对方，把所有的事情、所有的工作分工好，我把我的前半段工作做好，后半段交给你，我就可以放心不用去管任何后面的事情，大家做到无缝衔接，最后能交出一个满意的答案就好。而背靠背关系的形成没有什么特殊的方式，只能是在工作中、实践中去历练。

企业盒子现在的团队文化关键词是：尊重、透明、高效。

尊重就是互相尊重，大家没有那么明确的上下级关系，更不是一种从属和命令的关系，而是搭档，合作做事情。

透明，就是大家相互之间不隐瞒，工作之间互相沟通、互相指导，充分了解伙伴们的进展，包括写周报都是互相抄送发给所有人。

高效，是指三种高效，即个人效率、组织效率、商业效率。公司不提倡加班，但是到点要出活，保证高效率的工作。总之，该休息就休息，该工作就工作，上班时间绝对不许干其他事情，做到高效产出。

Step3：练习与应用

现在假设有一家名为"长安龙象文化传媒有限公司"的初创企业，其核心人员正是我们所熟悉的西游记取经团队，业务范围包括西方经典著作的引进、著作权谈判、翻译出版、跨文化实地交流调研等。

任务1：思考西游记取经团队的构成是否合理，列出每个成员的特长和短板。假如你可以推荐一个人参加他们的队伍，你会选谁？写下你的理由。

（1）取经团队成员特长及短板分析。

<u>唐僧　　孙悟空　　猪八戒　　沙和尚　　白龙马</u>

（2）你推荐加入的一位成员以及推荐理由。

<u>　　　　　　　　　　　　　　　　　　　　　　</u>

任务2：按照以下步骤完成本团队的股权分配及薪酬方案。

第一部分（单人完成）：

详细说明在创业最初阶段每个人需要完成哪些任务、所做出的贡献、敬业态度和承担的风险，以及每个成员独特的重要技能、经验、社会关系。

团队成员	项目贡献	承担风险	敬业情况	特长/资源/技能

列出企业在完成筹资（假设是 50 万元）后，每位成员估计可以获得的股份（百分比）。

团队成员	职务	职责	股权份额（%）

第二部分（小组完成）：

对上述各个成员的职责分工以及如何进行股权分配达成一致意见。

第三部分（小组完成）：

根据本节介绍的内容撰写团队的股权分配方案，交给教师审阅，并在下次课程中展示。要在报告中详细写明你们的讨论过程，大家出现哪些争议，最后又是如何达成一致的，或者在哪个部分分歧较大，始终无法达成一致，并分析分歧产生的原因是什么。

Step4：总结与反思

1. 理论的一句话总结

关于团队的搭建：内生创业团队的目标一致，共享基本的价值准则，团队人数不宜太多，成员之间应该形成优势互补。

关于股权的设计：股权本质上属于财产权，包括管理权、监督权和收益权。股权的设计应该考虑到创始人、合伙人、骨干成员、投资人等核心成员的诉求，体现差异性。

2. 推荐延伸阅读的文章和书籍

（1）蒂蒙斯，斯皮内利. 创业学［M］. 周伟民，吕长春，译. 北京：人民邮电出版社，2005.

（2）郭勤贵，耿小武. 股权设计：互联网＋时代创业公司股权架构［M］. 北京：机械工业出版社，2016.

第二节

内生创业资源的开发

> **导 语**
>
> 资源是创业过程不可或缺的支撑要素。为了合理利用和控制资源，创业者往往要制定设计精巧、用资谨慎的创业战略，这种战略对创业具有极其重要的意义。
>
> ——美国创业学学者杰弗里·蒂蒙斯

Step1：理论基础

除了团队，还需要挖掘和利用其他创业资源才能够实现创业想法。首先，需要对创业资源有一些通盘考虑。在利用或使用创业资源方面有以下几个原则。

第一条原则：控制它，而非拥有它。拥有资源的代价可能非常大，例如你拥有投资的代价可能是公司的决策权，你拥有高行业资历人才的代价可能是极高的薪酬，而这些可能是一般创业公司承担不起的。一般而言，这条原则也提醒我们，尽可能挖潜，利用内在资源。

第二条原则：最优化配置资源，试着把创业资源做最小化处理。这样做的好处是可以实现资本的阶段性投入，未来调整资源结构具有更大的灵活性，可以降低财务和股权风险，项目容错空间加大，沉没成本降低。而少量的资源还可以迫使创业者专注销售，从而为企业带来更多现金。

1. 人力资源的利用

获得投资并非获得创业资源的全部，良好的专家团队也是非常重要的资源。创业需要专家的作用，但由于专家型人力资源高昂的成本，完全可以用外部聘任的方式解决。例如，可以创建项目智囊团——外部顾问委员会。

（1）顾问委员会的建立。顾问委员会建立的初衷，是帮助创业者在创业初期避免愚蠢的错误决策，使其始终关注真正重要的东西，同时在发生错误或者未来前景不明晰的时候，运用自身的权威阻止内部团队悲观情绪的产生和蔓延。

顾问委员会成员的选拔标准是：足够专业、经验丰富、有广泛的人际网络。对顾问更重要的要求是诚实，同时他们也应该是有智慧的人，这样才能保证他们能够实事求是地指出你的问题，而非夸夸其谈地提出一些大而空的所谓建议。

如何保证选择的顾问符合上述标准呢？最好的顾问推荐往往来自口碑。要去了解备选顾问的背景和业绩，如查看他是否有法律纠纷尚未解决，联系他曾经指导过的创业团队，听听他们的看法。同时在与他们交谈的时候，要冷静地评估他们的沟通能力和人际交往能力，之后再做决定。

（2）顾问委员会的核心成员。无论顾问委员会包括什么人，有两类人建议应该吸纳进来：一类是法律专家，另一类是财务专家。需要考察这两类人提供服务的水平和对你公司的关注程度，他们应该为你提供常规的管理建议和帮助。这种陪伴成长的关系是代理记账公司做不到的。

首先，法律专家可以在公司组建（股东责任、股权、组织形式）、合同和协议审核、版权、商标、知识产权保护、人力资源（劳动纠纷、股权激励）、正式的诉讼等方面起到巨大作用。此外，他们在公司出现问题的时候可以提供专业服务，包括公司纳税情况、兼并收购或者破产。其次，寻找财务专家。尽管现有的一些会计事务所也可以提供日常财务托管工作，但一位优秀的财务专家可以帮助进行战略评估，筹集债务和股权资本，推动兼并和收购，平衡企业决策和个人目标的关系。

（3）顾问委员会的权利义务。外部顾问参与创业项目，需要对其付出的知识和劳动给予相应的回报，同时也要对他们的工作量有所要求。这是商业活动中的正常行为。

应以书面协议形式指明顾问的责任、服务时间、报酬，以契约的形式约束双方。

松散型指导无法保证顾问对项目持续跟进，因此，可以约定顾问每年至少有 9~10 天履行顾问职责。顾问可以实地来项目组或者公司进行指导，也可以通过现代化手段开展工作。这意味着，顾问每年应有 4 天花在季度会议上，1 天花在年度会议上，1~2 天花在处理紧急事务重大会议上，1~2 天花在电话或移动端联系以及邮件往来上。这个工作量是保证顾问黏性的最低要求，最佳顾问指导方式则需要你与顾问协商确定。

至于顾问的回报，则同样需要协商确定。假如顾问要求直接的经济回报，可以按照约定以年费支付顾问费用。假如顾问更加看重项目的长期价值，可能会要求以股权换取顾问服务。如果你经过慎重考虑，综合评定顾问的专业背景、资源渠道、道德伦理等各方面后同意出让股权，也应该将其限制在一定比例之内，建议不超过 5%。

最后强调一点，尽管要寻找最好的专业人士，让他们在较早的阶段更深入地参与公司活动，但对他们的建议要谨慎思考。毕竟你才是项目或公司的实际拥有者，对项目的理解是最深的，任何建议都代替不了你的最终决策。

2. 创业融资与资金的利用

创业过程是一个整合资源进行创新的过程，从创业之初到创业成功一般会经历一段较长的时间，在这个过程中存在的各种不确定因素都需要有相应资金的支持。而创业者个人或团队所拥有的资金是有限的，难以支撑创业的顺利开展，这就需要有持续不断的融资，以保证一定的资金规模。

融资前要考虑以下事项。

（1）融资的原则

1）及时性。要在经费看起来还充足的阶段就考虑融资计划。创业者在制订计划时，必须对企业在各个阶段需要的资金量进行预测，提前做好准备，留有储备资金，以防止因资金不足而影响企业运行。

2）合理性。做任何事情都是有成本的，融资也不例外，创业者需要支付一定的费用才能获得资金的使用权。在获得等量资金的前提下，创业者应首选成本低的融资渠道。此外，融资有风险，创业者在进行融资时，尽量选择风险较低的资金来源，而将风险高的融资渠道作为备用。

3）合法性。融资活动影响着社会资金的流向，涉及相关主体的经济权益，因此，初创企业必须遵守国家政策法规,依法履行约定的责任,维护利益相关方的权益,拒绝非法融资。

(2) 融资的核心问题。融资之前,要先考虑以下几个问题:

1) 融资到底融什么?是一笔直接的投资,还是获得资本?启动融资时,要考虑这笔交易是否能够产生其他附加值,例如,投资方是否可以带渠道进入项目。

2) 是否分阶段考虑融资了?为了降低融资成本,可以采用分阶段融资法则,在初期投入最低一个季度最多一年半的资金,视结果和发展情况确定随后的投融资额度。

3) 如何确定项目估值?项目估值的方法和标准很多,但无论采用哪种方法,现在的投资机构都更加相信项目的真实市场价值,而非理论预测价值。

4) 融资的目的何在?创业的目的是创造价值,因此融资的目的也应该是创造价值,而非追求账面利润。

(3) 确定财务战略。财务战略确定了融资的结构和去向。在企业战略确定之后,要尽快或者同步确定财务战略,包括现金流分析、融资方案、风险及回报、融资来源等,如图 5-1 所示。

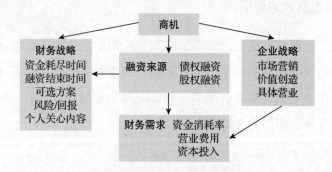

图 5-1 企业财务战略简图

是否启动融资要视现金流情况而定。思考现金流时,要注意三个指标:资金消耗率、资金耗尽时间、预计取得融资时间。

其中,资金消耗率是指初创企业在赚取营运现金流前消耗创业资金支付日常开支的比率,公司资金耗尽时间越长,创业者的相对议价能力越强。至于现金流的计算,可以参考如下基本方法:

现金流 = 息税前利润 - 税收 - 增加的营业运营资金 - 资本开支 + 折旧和摊销

(4) 融资渠道的选择

创业融资渠道传统上有三个,即家人(Family)、朋友(Friend)、天使投资(Fool,因天使投资要冒较大的投资风险故有此称),简称3F模式。此外,融资规模较大的话,还可以考虑风险投资;假如具有较高抵押能力,还可以考虑银行借贷。

1)自有资金。自有资金永远都是创业资本的第一来源。其优点在于使用成本低,得来容易,使用期长不用返还,能给其他投资者带来示范效应。但动用自己的资金会挤占经济来源,家庭的生活质量有可能降低,需要得到家人理解。创业者与创业伙伴在决定运用自有资金进行创业时,必须明确创业有较大风险,如果创业失败,个人资金可能血本无归。一般而言,创业者自有资金通常是项目启动的大部分资金来源,但不是根本性的解决资金缺口的途径,毕竟其总量是有限的,创业者还应积极考虑其他融资渠道。

2)亲友投资。家人和朋友一般是创业者首先考虑的借款人,许多创业者都有过向亲友借钱的经历。向亲戚朋友融资的优点与自有资金相类似,亲友借钱相对成本较低,且有亲情的附加可信度。但这种借款方式一般筹集资金的数目不会太高,而且需要创业者在亲友中有较高的信誉度,能够承担一旦创业失败可能造成的亲友关系危机。为此,应该实事求是地向亲友说明自己的创业情况,如实介绍自己的创业计划、盈利空间,尤其是存在的风险、资金回收期限等敏感问题,不要为了取得资金而欺骗或者回避问题,避免引起不必要的纠纷影响亲情。另外,建议运用契约等形式保障各方利益。当家人、朋友愿意借款时,双方应留有借款单据,在单据上写明借款时间、金额以及借款利息,至于利息的具体利率,可参照银行利息双方约定。

3)天使投资。天使投资(Angel Invest)是指个人出资来帮助创业者实现想法,并承担投资风险和享受创业成功后高收益的投资形式。天使投资是风险投资的一种,但它与机构风险投资的差别较大,因此单独列出。其优点在于,对没有多少经营经验的创业者来说,天使投资除了一部分启动资金外,还可以带来更多附加值。但也要认识到,天使投资人可能为自己的利益而要求更多股权,甚至试图获得控股权,在达不到预期利润时会丧失耐心,不会陪伴项目的长期发展。

天使投资偏好的项目一般具有如下特点:资金需求在5万~100万元以内的,5~10年销售额有望达200万~2000万元,销售额增长率及利润增长率在10%以上。一些还没有开发出原型的创业项目,假如属于高技术发明的早期融资,也会引起天使投资人的兴趣。

针对天使投资,需要解释清楚如下问题:你的产品或服务是什么,你面临怎样的市场机会,你有什么绝对优势,企业如何赚钱,创业团队组成的合理性,以及投资者如何退出投资企业实现投资利益。

在寻找天使投资及投资沟通过程中应注意:可以从当地孵化器、众创空间等组织找到天使投资;与天使投资人会面,如果你有推荐者,应该征得其同意再提及其名字;不要在同一时间、场合会见两个以上的投资人,这样显得不礼貌,看起来没有融资的诚意,而且一个投资人的负面评价会影响到其他投资人的决策;不管会面结果如何,多准备几家天使投资展开沟通。

对于小额早期融资,现在政府和高校也扮演天使投资的角色提供少量启动资金供种子期项目使用,主要偏好高技术、高创意、高关注的"三高"项目。

4)风险投资(简称风投)。风投的类型主要有三类:①风险投资公司,即拥有一定资本,由一个或多个合伙人成立的专门投资公司,业务单一、管理专业、资本稳定,一般以入股形式投入资金,最后以上市或者转让企业股份的形式退出企业,套取现金。②风险投资基金,即把社会上有意愿的闲散资金聚集起来,通过专业人士操盘做创业投资,其盈利模式是收取佣金和形成利润后的约定提成。③大企业附属风投,如联想、英特尔等利用自有资金成立的风投公司,其目的除了收获利润之外,还有技术试验、产品实验等。

中型和大型风险投资的优点是可以提供更多的资金支持,能够带来专业的创业指导,有可能带来高附加值;其缺点在于,风投优先考虑的是资金使用的安全,其次是利润的最大化,最后才考虑创业者的问题。

风险投资业务流程如图5-2所示。

图5-2 风险投资业务流程

风险投资筛选项目的标准：

①有自己清晰使命的项目。建立具有较高获利能力并在行业主导市场上占据重要位置的公司，在7年内以较高的市盈率上市或者合并。

②完善的管理团队。由行业明星领导，具有可靠的业绩，有重要的创新者或者技术/营销领头人，互补性强，坚韧、敬业、诚信度高。

③专有产品或服务。具有竞争力的领先优势或可抵御优势，能早日获得回报，享有法律排他权。

④可持续发展的市场。5年内成为亿元俱乐部成员，没有占据主导的竞争者，有明确的客户和分销渠道，高回报（即40%以上毛利，税后利润10%以上），较早到达正现金流等。

⑤高交易评估和回报。第一轮资本需求大（百万级），10倍的原始投资回报，还有可能获得几轮融资。

寻找风险投资需要注意如下方面：

和天使投资人一样，通过他们投资过的企业先期了解其声誉；最好让具有一定行业威信和良好声誉的中间人引荐，做好行业背书；多找几个风投融资对象；在充分了解和信任的前提下，可以和投资人一起修改你的计划书，这也是增进了解的好办法；对创业计划实事求是，要能够兑现你的承诺。

需要警惕以下风投机构：采取居高临下的态度，试图代替你；投资领域过宽泛、在投项目过多，可能无法专注于你的项目；机构或投资经理缺乏实战经验，即没有实体企业经营的经验；声誉不佳，表现为套取你的项目关键核心然后给其自有项目，或者趁你的项目处于资金危险期而掠夺定价等。

5）银行借贷。一般情况下，对于没有过创业经验和较长工作经验的青年人而言，银行及其他金融机构的贷款并不容易取得。因为银行不愿意融资给风险较大且融资量不大的初创型企业，除非借款人具备良好的偿付能力，拥有银行信用额度，以及足够的个人资产抵押。

一些地方银行也愿意给具有较高公信力的地方政府担保企业提供贷款，青年创业者可以尝试进入地方政府举办或认定的孵化器、众创空间、共享办公空间等，从孵化平台获得优惠贷款。

（5）融资需要考虑的其他问题

1）融资谈判是本着达成共识的目的，考验双方的智慧、耐心、成熟度。易怒、脾气暴躁、不顾另一方利益、不妥协、榨取最后一份好处的谈判方式是靠不住的。要在谈判前先认清各种可能性，寻找共同利益，用客观公允的标准解决冲突。

2）融资要有战略，融资战略要服务于企业整体发展，从公司规模和吸引力方面寻找适合自己的融资方式。

3）融资过程中应认真阅读法律文书的细节，保证自己的合法权益不受侵犯，保护自己的核心技术或关键信息不被恶意透露。

4）充分认识到融资过程也是有机会成本的，尽早启动融资计划、确立融资战略的目的就是给自己留有余地，不要等资金非常危险的时候才启动融资计划。

Step2：案例分析

"活动行"如何盘活创业资源

1. 企业基本情况

"活动行"是北京艾科创意信息技术有限公司旗下的网站，是由来自我国台湾的谢耀辉在大陆开展的创业项目。"活动行"是一个活动与售票平台，可以为个人、企业或组织举办各种活动，用户可以免费注册并使用该平台的发布、报名管理和推广、购票验票等功能。"活动行"在台湾的前身"活动通"是谢耀辉于2009年创立的。2012年"活动通"作为台湾地区创新项目参加杭州"创新中国"大赛，获得了软银赛富、高通、DCM等投资机构的早期投资。2009年"活动通"刚刚成立的时候做了各种尝试，最初的想法是做售票二维码，还尝试过社交、点餐等业态，最后才定位于做活动，开始做小型的沙龙，逐步发展到一些大型的展会，积累了一些成功的经验。后期谢耀辉认为台湾市场规模有限，受大陆经济高速发展的吸引，以及对大陆互联网发展红利的看好，他决定在大陆开展业务尝试。

2. 进入大陆市场

在大陆发展的早期，如何盘活资源一直是困扰谢耀辉的大事。台湾的市场经验、客户属性、市场发展速度都与大陆有较大差异。谢耀辉没有人脉，也没有其他资源，仅靠投资不能帮助他快速找到自己的定位，做好市场区隔，真正融入大陆的市场。那段时间，谢耀辉大量参加活动，他认为这是一个最快让市场认识自己的方法。参加活动可以认识更多的人，通过不停地向别人宣传，以吸引他们来自己的平台。

在这个过程中，创始人的性格特征起到重要作用。谢耀辉比较外向，他很愿意跟别人分享，也很爱参加活动，早期的很多客户基本上都是他一个一个参加活动争取来的，过程也充满艰辛。

在这个不断分享的过程中，谢耀辉积累了第一批客户资源。"活动行"的重要合伙人认为，作为平台商，如何吸引活动的主办方来用自己的工具，主要是依靠平台与主办方一起成长，提供优质的服务。陪伴成长的过程带给"活动行"很多启发，平台跟着主办方一起探索什么样的模式好，怎样完善平台和主办方的品牌，口碑传播就这样逐步发展起来了。

为了吸引更多资源，"活动行"开始的时候全部是免费的，主办方把活动发布到平台，平台帮其做前期推广，先有活动之后再吸引用户。当时移动端的售票服务还不发达，网站平台的售票服务便捷度不高，也没有其他工具帮助解决签到等会务服务。"活动行"解决了这样的问题，只需要填一些信息，发布报名就可以广泛传播，同时也提供核销、签到的工具，从工具层面帮主办方解决问题，提升效率。通过这样的服务，陆续积累了一批用户，积累一批主办方。2013年开始，"活动行"在大陆市场终于占据一席之地。

3. 发展期的资源策略

2014年"活动行"拿到A轮融资，团队规模发展到30人左右，企业发展面临盈利的压力。为了更好地盘活资源，发挥各项资源的最大价值，"活动行"做了很多调整。首先，将企业总部从深圳搬到北京。早期员工都是做技术出身，比较注重底层的技术研发，因此创业的时候将总部设在深圳。后来"活动行"发现资源具有地域的聚合效应，越是大型活动，越容易在大型城市举办，尤其是在北京，资源的聚合效应非常明显。于是把总部和商业部门设在北京，研发部门留在深圳。其次，重新审视变现模式，深入挖掘现有资源。早期"活动行"提供的是免费工具来拓展市场和用户的规模，盈利手段非常单一，只有收手续费这一途径，明显不足以支撑企业的快速发展。但随着"活动行"的口碑提升，很多主办方开始主动提出一些有付费意愿的拓展需求，包括招募活动工作人员和顾客来积累人气，这是最主要的需求，还有提出希望在"活动行"的平台上发布一些收费服务。至此，"活动行"意识到之前积累的大量主办方资源可以带来盈利，只是之前一直都没有排查，一直都没有考虑怎么变现这些资源。后来"活动行"开始设置一些多元的业务广告以及增值的服务，盈利能力明显提升。为提升资源的充分流动和整合能力，"活动行"上线了新的工具"百宝箱"。在这个平台上，"活动行"开始提供完整的活动解决方案，把活动产业的上下游，如场地、执行策划公司、摄影、物料等服务公司在平台上整合进来，很多服务商公司每天都在平台上去找客户，主办方的运营组也在平台上发布资源需求，全都在平台上面运作，资源池的作用逐步凸显，人、财、物等资源交互良好。

4. 如何维护资源

"活动行"的运营会挑一些优质活动，对活动的品质把控很严，这是维护资源的核心。为保障活动质量，"活动行"对每个活动都要派人去验证活动是否真实，是否有人投诉等。品质带来口碑提升，会有更多的优质活动进入平台，这样就会形成一个良性循环，使平台越办越好。

回顾创业历程，"活动行"认为一个创业项目如果想把资源运行好，需要看项目能给别人带来什么价值，如果平台没有任何价值，大家也不会愿意与你合作。创业某种意义上是一个价值交换的过程。在谋求资源之前，先要想到自己能给别人提供什么样的资源，最终使大家都能在相互合作的过程中获得发展。

Step3：练习与应用

练习活动 1：百宝箱

1. 活动规则

（1）请和你的团队从火锅店、智能农业大棚、创意首饰三个项目当中，挑选一个项目作为你们虚拟的创业项目。

（2）每位同学从以下百宝箱中挑选 1 种资源，创业团队将挑出的资源进行取舍，整合到一起，作为这个创业项目中所拥有的资源。

（3）15 分钟的时间，每位成员说出挑选这种资源的理由，再由团队写出资源取舍整合的理由。

2. 百宝箱内资源

贴息贷款

2万~10万元的存款

风险投资者的联系方式

专利技术或专业技能

政府1:1的配套资金

免费创业培训

免费专家指导

减免税政策

政府关系

家族企业

入驻创业园/创业实习基地

可用作办公或门脸的自有住房

丰富的网络资源

成功的企业家亲属

拥有共同愿景的朋友

行业圈内的老师/同学

做媒体的亲友

练习活动2：计算创业所需资金

小王是一名会计学专业毕业的大学生，想自己开办一家会计公司。在开办公司前，他进行了大量的市场调查，发现这个行业有很大的市场。同时，他还对开办公司的必要支出进行了估算，大致如下：

租1间20m^2左右的办公室，每月需要租金3000元左右。

购置2台计算机，每台5000元。

购置1套最基本的财务软件，大约需要3000元。

购置3套办公桌椅，办公桌椅价格大约300元/套。

购置2台打印机，一台针式打印机用来打印输出的会计凭证和账簿，另一台打印一般的办公文件，2台打印机大概需要3500元。

购置1台税控机，价格3000元。

购置1台传真机，需要花费1000元。

购置一些办公用品及办公消耗，需支出 1000 元，大约可供一个月使用。

购置 1 台饮水机，价格 500 元，每月大约需要 4 桶水，每桶水 15 元。

电话费和网费每月 320 元左右；

水电费每月 200 元。

同类会计服务公司的广告费每月一般在 1200～2000 元，小王决定按平均花费计算，每月 1500 元。

需要雇用 1 名会计和 1 名外勤人员，2 人的工资每月合计 3500 元，社会保险费每月合计 1000 元。

尽管现在国家对大学生创业进行了税费减免，但是从开户、刻章直至办完整套开业手续，大约需要一个月的时间，开业前基本费用需要约 1000 元。

对于日后的收入，小王也进行了调查，大约每增加一家客户可以取得每月 250 元的收入，为每家客户服务的基本费用为 20 元/月。另外，客户在 60 家以内时基本上不用增加会计和外勤人员。

于是，小王简单算了一下创办会计公司所需要的资金为：

房租 3000 元 + 计算机 5000 元×2 + 软件 3000 元 + 办公桌椅 900 元 + 打印机 3500 元 + 税控机 3000 元 + 传真机 1000 元 + 办公用品 1000 元 + 饮水机及 1 个月的饮用水 560 元 + 电话费和网费 320 元 + 水电费 200 元 + 广告费 1500 元 + 雇员工资及社保费 4500 元 + 开办费用 1000 元 = 33480 元

看来开办公司需要的资金不是太多，而每一家客户可以赚的钱却相当可观。小王对自己的专业知识和开拓市场的能力非常自信，他相信自己的公司一定会开办得很红火。为了以防万一，怕哪些项目考虑不周全，小王在筹集资金时还打了不少富余，共筹集了 50000 元的资金。

可是，令小王没想到的是，刚刚经营了几个月，公司资金就出现了断流，连支付房屋租金的钱都不够了。你知道这是为什么吗？

请思考如下问题：

1. 小王公司资金断流的原因是什么？
2. 小王在计算资金时还应考虑哪些因素？
3. 请帮小王计算一下，开办这样的会计公司大概需要多少资金？

Step4：总结与反思

1. 理论的一句话总结

创业资源并非总是指资金，外部的人力资源也同样重要。外部顾问可以成立一个顾问委员会，法律专家和财务专家可以作为顾问团队中的核心成员。要在顾问协议中明确双方的权利义务。

创业的融资要根据项目的经营和战略情况综合设计，其来源主要有自有资金、亲友投资、天使投资、风险投资和银行借贷，要充分考虑融资的及时性、合理性和合法性。

2. 推荐延伸阅读的文章和书籍

（1）吴伟. 创业融资 2.0：实战与工具 [M]. 北京：机械工业出版社，2018.

（2）王艳茹，王兵. 创业资源 [M]. 北京：清华大学出版社，2014.

第三节

商业模式设计与创新

> **导 语**
>
> 商业模式就是你能提供一个什么样的产品,给什么样的用户创造什么样的价值,以及在创造用户价值的过程中,用什么样的方法获得商业价值。其核心是初创企业的价值产生机制。

▶ Step1:基本理论

1.商业模式及发展脉络

"商业模式"一词有些学术化,其实人们对商业模式有很多简单的理解。例如,"它是关于怎样赚钱的安排""是怎样卖产品和服务""是一个企业如何赚钱的故事""是企业围绕客户价值最大化构造价值链的方式"。上述认识尽管通俗,但不一定准确。严格地讲,商业模式是为实现客户价值最大化,把能使企业运行的内外各要素整合起来,形成一个完整、高效率、具有独特核心竞争力的运行系统,并通过最优实现形式满足客户需求、实现客户价值,同时使系统达成持续盈利目标的整体解决方案。

对很多创业者来说,常常将商业模式理解为如何赚钱,以为商业模式就是赚钱方法。其实商业模式的核心是产品，本质是通过产品为用户创造价值。一句话概括，商业模式就是你能提供一个什么样的产品，给什么样的用户创造什么样的价值，以及在创造用户价值的过程中，用什么样的方法获得商业价值。它至少包含了产品模式、用户模式、推广模式和收入模式四方面内容。

从本质上看，商业模式是一系列制度结构和制度安排的连续体，其核心直指企业组织的价值产生机制，其结构如图5-3所示。商业模式的本质包括：① 价值创造是企业组织存在的根本理由和发展的必要条件，也是经营活动的核心主题；② 商业模式的本质属性就是创新和变革，必然存在动态连续的变革演进。在技术层面上，商业模式是技术开发与价值创造之间的转换机制，其成本/收益结构决定了技术开发成本能够获取的价值收益。随着信息技术和电子商务的发展，组织边界日益模糊，大大增加了交易和协作创造价值网络增值的可能性。

图5-3　商业模式结构

价值创造一般主要来自三个方面，即组织自身价值链、技术变革价值链和价值网络。

最古老也是最基本的商业模式是"店铺模式"（Shopkeeper Model），就是在具有潜在消费者群的地方开设店铺并展示其产品或服务。随着时代的进步，商业模式也变得越来越精巧。在20世纪早期出现"饵与钩"（Bait and Hook）模式，也称为"剃刀与刀片"（Razor and Blades）模式或是"搭售"（Tied Products）模式。随着传媒业务的发展，形成了二次售卖模式，即媒介单位先将媒介产品卖给终端消费者（读者、听众、观众），然后再将消费者的时间（或注意力）卖给广告商或广告主的过程。

商业模式为什么重要呢？这是因为：① 它是成功企业的必要构件；② 它规定了企业与客户关系；③ 它是创业过程的必然阶段；④ 它是获得风险投资的必要叙事。

2. 设计商业模式的方法——商业模式画布法

人们创造出一种有效的工具,即商业模式画布(Business Model Canvas)。商业模式画布是讨论商业模型概念的视觉化工具,通过将商业元素标准化,可以帮助创业者了解各个元素之间的关联性,并启发创新,可以用来帮助评估早期的商业模型雏形,也可用于分析现有商业模式的优势和劣势所在。

商业模式由九种必备要素构成,商业模式设计也主要是围绕这九个要素进行,它一共有九个格子、四种类型,提示使用者按照给出的九个方面来思考并填入相关内容,如图5-4所示。该方法可以用于催生想法、验证风险、测试用户和需求匹配度、能否合理解决问题、评估商业价值、分析环境和经济背景影响等。

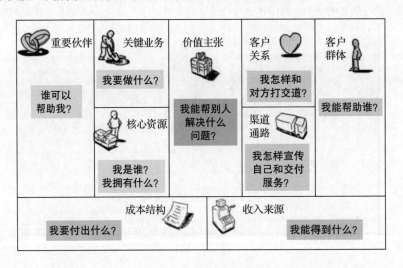

图5-4 商业模式画布

第一种类型:供应内容,确定产品最主要的存在理由,即价值主张这一个子项。

(1)价值主张(Value Proposition,VP)。价值主张,也称价值服务,是通过迎合特定细分客户的独特需求来创造价值。即思考提供什么样的价值给客户,帮助客户解决了什么类型的问题,满足了客户的什么需求,正在提供给客户细分群体哪些系列的产品和服务。它阐述了特定的供求关系,可以是解决了什么样的需要,或者改善了什么样的痛点,或者给予了什么灵感的启发。从创新的角度,它可以是角度新颖、性能强劲、定制服务、设计独特、品牌象征、物美价廉、增值业务、便捷实用等。

第二种类型:业务内容,主要是指产品内在的活动,包括关键业务、核心资源和重要伙伴三个子项。

（2）关键业务（Key Activities，KA）。关键业务是确保其商业模式可行、公司一定要做的最重要的事务。即思考有哪些关键工作需要去做，有什么核心业务去确保价值主张，有什么核心业务去确保客户关系，有什么核心业务去确保渠道，有什么核心业务去确保收入来源。关键业务是支撑公司商业运转的必要活动。但是公司属性不同，所承载的关键业务也会有所差异。例如，制造公司的关键业务是产品的销售，软件公司的关键业务是软件的开发等。常见的关键业务有制造产品、咨询解决、平台空间、网络关系等。

（3）核心资源（Key Resources，KR）。核心资源是让商业模式运转最重要且必要的因素。即思考拥有什么核心资源保障商业模式各方面的运转、价值主张、渠道通路、客户关系和收入来源。核心资源是一个公司赖以运转的关键资源。从来源上说，这种资源可以是独有的，也可以是市场决定的，或者是合伙人借力而来的；从形式上说，核心资源可以是实体、人际关系，或者网络虚拟物资、良好的品牌信誉等。

（4）重要伙伴（Key Partners，KP）。重要伙伴是让商业模式运转所需要的合伙人、供应商、销售商等重要人际网络。即思考谁是重要伙伴，谁是重要供应商，谁会帮助或者参与来完成一些必需的事项。重要伙伴用来描述公司打造的各种合作关系。常见的几种合作关系有合作、非竞争者的战略联盟关系、竞争者的合作关系、合资、供应商关系等。

第三种类型：客户，主要是指产品外部资源，包括客户细分、渠道通路和客户关系三个子项。

（5）客户细分（Customer Segments，CS）。客户细分是产品所针对客户的细分和组成，也称客户群体。即思考为谁创造价值、处理难题，谁是最重要的客户。针对产品的属性和公司的战略，一般的目标客户都会有其独特的属性，细分客户要考虑哪些是主要的客户人群、哪些是短时间内可以忽略的人群、哪些是具有支付能力的人群、哪些是拥有最大需求的人群等问题。

（6）渠道通路（Channels，CH）。渠道通路就是公司是如何与客户接触和服务的。即思考通过哪些渠道可以接触客户细分群体，如何接触客户，渠道如何整合，哪些渠道最有效，如何把渠道与客户的例行程序进行整合？渠道是公司和目标客户发生联系的通道和途径，包括客户如何知晓公司、如何选择本公司而不是同行业其他竞争对手、如何购买产品、公司如何将产品交付给客户、如何处理售后等环节中客户与公司、产品联系的渠道等问题。

（7）客户关系（Customer Relationships，CR）。客户关系就是公司和目标细分用户建立的关系类型。即思考客户希望建立什么关系，用什么形式建立关系，客户会以什么形式来建立有忠诚度的长期关系？这些关系形式的成本如何？如何把这些关系与现在的商业模式进行整合，公司应该清楚如何维护与目标客户的关系，如何保持关联和帮助以实现双赢的状态。常见的客户关系有以下几种：个人助理中心，处理客户需要的帮助和交流；专用个人助理，为某种客户类型安排专门的客户代表；自助服务，发挥客户主观能动性；自动化服务，利用可以辨识客户来提供不同方式服务的自助服务系统；社区，促进客户之间的交流；共同创作，刺激客户和公司一起参与到开发过程中。

第四种类型：财务，主要是指收入和支出，包括成本结构和收入来源两个子项。

（8）成本结构（Cost Structure，CS）。成本结构就是支撑运营需要在哪些项目付出成本。即思考什么是商业模式中最不可避免的成本，哪些核心资源花费最多，哪些关键业务花费最多，哪些模块带来了成本。成本结构是指支持运营所需要的各个环节的成本总和，如维护客户关系、渠道花销、研发成本等的总和。

（9）收入来源（Revenue Streams，RS）。收入来源是公司能从客户处所获得的现金收入。即思考什么样的产品和价值能够让客户付费，客户现在付费究竟是需要什么？客户希望的付费标准是多少，客户愿意用什么方式支付，收入来源是指公司在各个环节中从客户身上得到的纯利润。在计算的时候需要扣除成本，只计算纯收益部分。

以苹果公司的 iPod 和 iTunes 产品的商业模式创新为例。苹果公司的音乐播放器 iPod 可以让用户从后台的音乐商城下载音乐，并且无缝同步到所有的苹果产品上，软件、设备、在线商城的完美结合帮助这款产品迅速打开了市场。这种具备独特优势的商业模式离不开各个环节的配合。首先，苹果公司的价值主张是提供无缝音乐体验，这个出发点也决定了产品需要与线上软件市场打通的形式；其次，为了配合这种模式，其核心业务就是硬件软件的设计和内容协议的疏通，重要的伙伴就是唱片公司；再次，渠道就是硬件商店和软件平台，而用户就是大众市场，用户关系主要依靠苹果的品牌魅力；成本结构包括开发、制造和销售成本；最后，收入来源为硬件收入、音乐收入和软件商店部分。

3. 商业模式创新

（1）商业模式创新的常态化。商业模式必须提供基于制度结构和制度安排的动态连续性，必须始终保持必要的灵活性和应变能力。在互联网时代，商业模式不断创新。在制造业，就有强势品牌塑造模式、OEM 模式、产业集群模式等；在流通业，有代理模式、批发模式、直销模式、连锁经营模式、特许经营模式等；在互联网领域，商业模式更是层出不穷，有传统门户模式、电子商务模式、网络游戏模式、即时通信模式、搜索引擎模式、网络招聘模式、无线增值模式、网络教育模式、网络旅游模式、网络银行模式等。

以电子商务模式为例，通过不断创新，它具体有如下模式：

1）B2B 模式：主要是指企业和企业的电子商务交易（Business to Business，B2B）。目前中国主要的 B2B 企业有阿里巴巴、找钢网等。B2B 方式是电子商务应用最多和最受企业重视的一种形式，企业可以使用互联网或其他网络为每笔交易寻找最佳合作伙伴，完成从订购到结算的全部交易行为。

B2B 主要针对企业内部以及企业（B）与上下游合作厂商（B）之间的信息整合，并在互联网上进行企业与企业之间的交易。借助企业内部网（Intranet）建构信息流通的基础，以及外部网络（Extranet）结合产业的上中下游厂商，达到供应链（SCM）的整合。因此，通过 B2B 商业模式，不仅可以简化企业内部信息流通的成本，更可以使企业与企业之间的交易流程更快速，减少成本的耗损。

2）B2C 模式：主要是指企业与消费者之间的电子商务（Business to Customer，B2C）。这是消费者利用互联网直接参与经济活动的形式，类似于商业电子化的零售商务。这个模式如今又往往与线上线下相结合的模式（即 O2O 模式）联系在一起，主要企业有当当、京东等。

3）C2C 模式：主要是指消费者与消费者之间的电子商务（Consumer to Consumer，C2C），即个人用户进行买卖交易的电子商务交易业务，主要平台有淘宝网、易趣网等。还有一种是 C2C 竞标模式，通过为买卖双方提供一个在线交易平台，使卖方可以主动提供商品上网拍卖，而买方可在网上购买，目前竞标拍卖已经成为决定稀有物价格最有效率的方法之一，举凡古董、名人物品、稀有邮票……只要需求面大于供给面的物品，就可以使用拍卖模式决定最佳市场价格。拍卖会商品的价格因为欲购者的竞争而逐渐升高，最后由出价最高的买家买到商品，而卖家则以市场所能接受的最高价格卖掉商品。这就是传统的 C2C 竞标模式。

随着智能手机的普及，App 时代来了。据估计，其市场规模可以到达 150 亿美元，人们都在关注如何从这么庞大的新兴商机分一杯羹。也许有人会问，App 的商业模式不就是"收费"或"免费但附广告"这两种吗？如果你以为 App 经济的重点只在技术方面，那你就错了。和其他的事业一样，还是要先思考什么是正确的商业模式，才会让创意与技术发挥最大的商业价值。围绕手机进行的商业模式很多，如单纯出售模式、广告模式、收入组合模式、持续推出更新附属功能模式、月租费模式、二次运用模式、平台媒合模式、代为开发模式、授权模式等。

（2）如何进行商业模式创新。随着市场需求日益清晰以及资源日益得以准确界定，简单的商业模式很难有竞争力，商业机会将超脱其基本形式，逐渐演变成为创意（商业概念），包括如何满足市场需求或者如何配置资源等核心计划。所以，商业模式是创业者的创意，是创新的结果，商业创意来自机会的丰富和逻辑化，并有可能最终演变为商业模式。创业阶段，选择新的商业模式、实现方式和路径，是避开能力劣势的有效途径。

其形成的逻辑是：机会是经由创造性资源组合传递更明确的市场需求的可能性，是未明确的市场需求或者未被利用的资源或者能力。一个企业在商业模式上只进行复制或者进行一两种简单类型的创新不足以获得持久的成功，尤其是单纯的产品性能创新，很容易被模仿、被超越。企业需要综合应用上述多种创新类型，才能打造可持续的竞争优势。

哈佛大学教授约翰逊（Mark Johnson）、克里斯坦森（Clayton Christensen）等人撰写的《商业模式创新白皮书》一书中，将商业模式概括为三个要素：客户价值主张、资源和生产过程、盈利公式。他们指出，这三个要素只有在创新中才能够成为好的商业模式。例如，支持客户价值主张和盈利模式的具体经营模式无疑是创新的产物。

德布林咨询公司在研究了近 2000 个最佳创新案例后，发现所有商业模式的创新都是十种基本创新类型的某种组合。这十种创新类型是：盈利模式创新、网络创新、结构创新、流程创新、产品性能创新、产品系统创新、服务创新、渠道创新、品牌创新和顾客契合创新。

所谓商业模式创新，是指现实社会中出现新商业模式的过程，以及新商业模式本身。初创企业必须选择一个适合自己的、有效的和成功的商业模式，并且随着客观情况的变化不断加以创新,才能获取持续的竞争力,从而保证自己的生存与发展。商业模式创新可以有两种不同的基本途径:一是以新企业形式出现的全新商业模式;二是在原有企业基础上发展演变而成的新商业模式,这时商业模式创新的过程则表现为企业内部的旧模式被替代,新模式逐渐形成、发展的过程。

根据商业模式不同要素的变动情况所引发的创新,可以将其划分为:界面模式变动引发的创新、运作流程变动引发的创新、资源组合变动引发的创新和价值主张变动引发的创新,如图5-5所示。

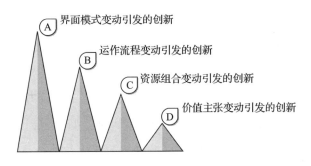

图5-5　商业模式创新方法

1)界面模式变动引发的创新。商业模式的界面模式是指企业为了获取利润而进行各种决策时所遵循的标准或法则。企业的营销原则、采购与供应原则、环境原则和公众原则、产品的目标市场、生产规模、成本模式、定价方式和市场定位均是构成企业界面模式的重要内容。因此,这些因素的改变都将引发界面模式的变动。

因此,可以将界面模式的变动称为界面形式的变化,可以视为一种企业外部表现形式的变化。例如,一家计算机公司改变市场定位,由高端市场定位向下拓展至低端市场,从而使定价方式和生产批量发生变化,即由过去较高的价格和较少的销售量策略,改变为较低价格与较大的销量策略,以适应低端市场顾客的价格承受能力,以实现利润目标。此时企业界面模式的变化可能导致企业在其顾客及公众心目中的形象发生改变,但企业生产计算机所使用的技术和资源并没有发生本质上的变化,即企业商业模式中的运作流程和资源组合没有改变。因此,可以将界面模式的改变所引发的企业商业模式的创新称为界面创新,并使之与其他要素引发的创新相区别。

2)运作流程变动引发的创新。所谓流程,就是指相互连接的企业运作活动。企业将全部资源以有效率的形式组织在一起,进行生产和销售产品/服务的活动,这些活动有效衔接,并不断重复,就形成了企业的运作流程,包括原材料采购、产品的生产与销售、资金往来、后勤保障等。

运作流程变化将对企业的商业模式产生重要的影响,可以在改变生产效率的同时,带来界面模式的变化,从而引发商业模式由内向外的改变,促使商业模式推陈出新。例如,福特轿车将传统汽车组装作业改变为现代化流水线作业方式所引发的创新,就属于流程变化给企业带来的创新。这种作业流程的变化看似简单,却极大地提高了生产效率,降低了生产成本。这种流程变化引发了企业目标市场的扩大和销售方式的改变。运作流程的创新不仅可以带来企业商业模式主体层的创新,同时也可能引发界面层营销活动和采购活动的共同创新。

3)资源组合变动引发的创新。资源组合是指企业为了实现价值主张而需要投入的全部资源,包括人力资源、原材料、厂房设备、专利技术、品牌商标、知识产权等各种有形与无形的资源。如果环境条件改变了,即使价值主张没有改变,资源组合也可能随着外部环境的变化而改变。例如,对于电视机制造商而言,当液晶显示技术出现并推广普及之后,传统显像管作为生产电视机关键部件的地位将不可避免地被取代,此时,由于原材料这种资源的变化,直接导致生产流程需要进行相应的调整,产品的成本模式和市场定位也将随之发生变化,进而引发商业模式多层次的变革与创新。资源组合的变化在导致企业的基础层与主题运作层发生变化的同时,也将不可避免地引发企业界面模式与企业功能的变化与创新。

4)价值主张变动引发的创新。价值主张通过回答企业的产品是什么和企业的顾客是谁这样一些基本问题得以体现,并通过企业的产品向市场传递。价值主张一旦确定,企业需要生产的产品、产品的属性与特征、生产所需要的各种资源、利用资源进行生产的运作流程以及相关的各种对内对外原则都将随之确定。而价值主张的改变,也将不可避免地引发上述各个方面的变化。例如,餐馆将其价值主张由为顾客提供就餐价值,更改为在就餐价值之外还要为顾客提供更多的时间价值、地点价值和便利价值。这种价值主张的改变,表现在产品上可能就是增加外卖,而要增加外卖又将导致其销售的食物的包装(食品要便于包装携带)、作业流程甚至生产设备发生一系列的相应改变。

伴随价值主张的改变,商业模式的各个层面都将不可避免地发生相关改变。价值主张的变化与创新,必将导致企业资源组合、运作流程以及界面模式的一系列变化。在某种意义上,由价值主张变化引发的商业模式变革是企业商业模式最深层次的变革,并将导致商业模式发生根本性的变化。

4. 阿里巴巴的商业模式创新

阿里巴巴凭借电子商务商业模式不断创新，已逐步发展成为我国最大的电子商务企业。

第一阶段，B2B 商业模式出现。1999 年年初，阿里巴巴在杭州正式推出旗下第一个平台——B2B 平台，为中小企业提供"网站设计＋推广"服务，即打造"网络义乌"模式，核心是帮助有绝对成本优势的中小制造企业"走出去"。当时一个大的背景是，阿里巴巴成立前，做外贸生意的中国中小企业可选途径一般只有广交会（中国进出口商品交易会），但广交会门槛高，对中小企业是一个大挑战。随着平台的发展，尤其是欧美经济的回落，阿里巴巴 B2B 将内贸和外贸置于同等重要的位置。后来阿里巴巴完成战略升级，成为网上批发交易平台，将传统商业模式中的信息搜寻、报价、下订单、合同签订等需要线下完成的流程电子化，极大地提高了中小批发交易的效率。

从 1999 年以 B2B 业务切入电子商务领域至今，阿里巴巴一直在干一件事情，即建立一个基于网络的电子商务生态系统。这个生态系统与传统线下的商业生态系统并无本质的区别，主要面向消费者、渠道商、制造商和服务商；唯一的区别在于，由于主要依托于互联网，在产品展示、交易达成等环节上，与传统商务在形式上有一些不同。

阿里巴巴的盈利模式也很简单，即向供应商提供额外的线上和线下服务，将服务打包，以会员费的方式进行收费。2002 年，阿里巴巴又推出"关键词"服务，同年首次实现盈利。此后，阿里巴巴"会员费＋增值服务"模式的 B2B 道路逐渐清晰。

阿里巴巴 B2B 的出现，就在于帮助中小企业解决国际贸易高进入门槛的问题，甚至在盈利模式（会员费）的设计上，也是模仿广交会展位收费的方式，不与交易效果挂钩。相对于广交会高昂的费用和门槛，阿里巴巴 B2B 平台的价值得以充分体现。

第二阶段，C2C 出现。2003 年年初，在阿里巴巴 B2B 核心业务盈利稳定后，马云发现，雅虎日本凭借本土化策略在日本 C2C 市场大胜 eBay 日本，这坚定了他推出 C2C 业务的决心。2003 年 5 月，淘宝网成功上线；2003 年 7 月，阿里巴巴宣布 1 亿元人民币投资淘宝网；2005 年 10 月，阿里巴巴宣布再向淘宝网投资 10 亿元人民币。在 5 年时间内，淘宝网的市场份额从 0 上升到 86％，eBay 则从 90％跳水至 6.6％。

淘宝网的成功，除了开创性地推出具备担保交易（能同时解决支付信用与安全问题）的第三方支付工具支付宝之外，更重要的在于"免费模式"，即不向买家和卖家收取交易佣金、商品展示费。免费模式正是淘宝网彻底"打败"eBay中国的法宝。之所以如此，是因为阿里巴巴对中国经济和消费的深刻理解。因为与欧美等发达国家相比，当时的中国人并没有太多的二手货可供交易，基于二手货交易收费的eBay模式在中国本土明显缺乏市场基础。

淘宝网的推出和免费模式，同样依托于对中小卖家和中低收入人群的深刻理解。因此，淘宝网构建基于新商品的、连接中小卖家和中低收入人群的C2C交易平台，规模释放二者低成本对接带来的市场效益。虽然免费模式使得淘宝网并未成为阿里巴巴的盈利来源，但基于淘宝网发育出来的支付宝平台和聚划算等，已经成为阿里巴巴的未来核心价值所在（虽然名义上支付宝未在阿里巴巴的范畴，但支付宝事件本身正以事实充分展现了支付宝的价值）。

淘宝网的创始人叫孙彤宇，他1996年加盟中国黄页（阿里巴巴的前身），2003年4月率领几人组成的团队一手打造了淘宝网，2007年年销量达到400亿元，2008年卸任淘宝网总裁职位。通过免费模式，淘宝网迅速聚拢了我国零售市场大批分散的中小型卖家，但"增量不增收"也成为困扰阿里巴巴集团的一大问题。通过调研发现，淘宝网虽然卖家众多，但真正的品牌卖家较少，产品品质也参差不齐，甚至成为"山寨"商品的天堂，很大程度上影响了消费者的购物体验。消费者的负面口碑又反过来影响优质商家的进驻和资源投入，从而影响到整个平台的公信力，形成恶性循环。于是，2008年年初，对商家资质和商品品质有相对控制的品牌商城——淘宝商城推出，开辟了与C2C淘宝集市完全不同的B2C模式，吸引了优质商家和中高端消费者。

第三阶段，B2C模式出现。淘宝商城（天猫）的导入，同样是踩着我国消费升级和网购用户升级的节奏顺势而为。虽然到目前为止，C2C仍然在总量上以绝对优势压倒B2C，但B2C替代性超越C2C是市场大势，无论是在全球范围还是中国市场。因此，淘宝商城（天猫）的盈利模式是向卖家收费便成为理所当然——优质商品的溢价足以支撑平台费用。

在筹备过程中，阿里巴巴为淘宝商城设计了三种方案：第一种是运营和域名完全独立；第二种是运营独立，但在淘宝网设置"两扇门"，一扇通往集市，另一扇通往商城；第三种则是在淘宝内设一个独立频道，让商城完全依附于集市的流量。三种模式各有利弊：如果用独立域名，可从根本上杜绝假货、水货问题，消费者可识别清楚，但是风险在于用户能否接受这个新平台；如果用"两扇门"模式，消费者可以清楚地进入商城或者集市，但是弊端在于进入商城要再次从首页上点击，在互联网上，每增加一次点击，用户量会大幅度衰减；如果以独立频道的方式启动商城，好处是可以最大限度地和淘宝网共享用户资源，风险最小，但是弊端在于商城的识别特征不是很清晰。最终，淘宝商城选择采用第三种方案。

正是这一保守的选择，导致 C 店和 B 店互博，不但未能实现借势的目的，还带来商城和集市的内耗。痛定思痛，2010 年 11 月，阿里巴巴宣布淘宝商城域名独立，同时彻底将商城与集市的组织架构隔离开来；2011 年 6 月，宣布采用全新的中文名称"天猫"，希望彻底与淘宝网划清界限，成为完全独立业务。与此同时，除 C2C 淘宝集市和 B2C 天猫之外，淘宝网还分拆出一家专门聚焦于购物搜索的一淘网。至此，大阿里战略格局初成。一句话概括就是，打造一个线上的电子商务生态系统。阿里巴巴负责搭建此系统架构以及提供一切交易前中后所需要的基础服务。

第四阶段，C2B 模式出现。阿里巴巴在重重危机重压下适时进行了调整。2012 年 7 月 23 日，阿里巴巴宣布新"七剑"架构调整，淘宝、一淘、天猫、聚划算、阿里巴巴 B2B 及阿里云六大子公司，被重新调整为淘宝、一淘、天猫、聚划算、阿里国际业务、阿里小企业业务和阿里云七大事业群。阿里巴巴 B2B 的中小企业将通过淘宝、一淘、天猫、聚划算与消费者对接，阿里云则在打通底层数据中起到基础性作用，最终形成一个有机的整体——从消费者到渠道商再到制造商的 CBBS（消费者、渠道商、制造商、电子商务服务提供商）市场体系，加速推进"One Company"的目标，将阿里巴巴中小企业和淘宝市场体系有效结合。归根结底，就是充分发挥阿里巴巴独有的"To B + To C"，从流量到支付、数据、技术等的全业务线条、全程服务能力的"系统作战"优势，以便于随时"集中优势兵力，打歼灭战"。在这样的架构和思维之下，理所当然地出现了新概念——C2B。随着互联网的发展，未来的商业模式中定制会是主流，这就是 C2B，它对背后商业运作的要求是个性化需求、多品种、小批量、快速反应、平台化协作。

所谓 C2B 模式，其实就是阿里巴巴 CBBS 体系的概念化，背后折射的是一种典型的 IT 式思维。实际上，定制化的商业模式自古有之。不可否认，互联网的出现使得定制信息的传递效率更高，边际成本更低，但定制是否会成主流，从来就不是某种技术决定的，而是人心，即消费者心智所决定的。在多数时候，消费者并不知道自己需要的是什么，除非有人把它们设计出来摆在他们的面前，让他们比较和选择。即使在网络高度发达的今天和可预见的未来，定制仍然将是非主流，这是由人类的本性决定的。当然，毋庸置疑的是，互联网的出现让企业可以比以往更快、更全面、更深刻地跟踪和理解消费者，把握消费趋势。

Step2：案例分析

戏精学院的商业模式打磨

1. 企业基本情况

戏精学院是由原优客工场副总裁、执行合伙人朱子龙于 2018 年创办的一个项目。朱子龙毕业于美国东北大学，主修经济和国际关系，辅修东亚文化研究，后在英国帝国理工学院获得经济和商业策略硕士学位。在优客工场任职期间，他主导并完成了 12 轮境内外融资和并购，合计融资额 5 亿美元，投资近 50 家中早期企业，涵盖互联网、B 端服务、消费和教育领域，完成了优客工场在海外的项目布局。戏精学院的主打产品是一种互动话剧产品，2018 年 10 月上线第一个剧目。

2. 产品模式的创新

身为"90 后"的年轻人，朱子龙觉得现在的线下聚会越来越没意思了。同学或朋友聚会就是聚餐，去 KTV 唱歌的兴趣也渐渐降低，大部分人在聚会的时候总是把时间放到手机屏幕上，而很少有互动。朱子龙认为，在人的本性里面有人与人互动的需求，放下手机和平板电脑，跟有血有肉的人进行交流，这是一个感受真实世界的过程。即使是在互联网越来越发达的时代，真人互动的体验也是无法被替代的，这个认识非常重要。朱子龙想寻找一种方式，能吸引人们互动并且有乐趣，于是成立了戏精学院。

戏精学院打造的话剧模式，强调演员和观众的互动性。传统的舞台剧是演员在舞台上演戏，观众在舞台下观看。而戏精学院观众和演员是可以互动的，观众也可以演戏。互动式话剧有一个故事剧本，观众可以真实参与其中进行全面体验，剧中演员是有方向引导的，不同的选择会对后面剧情的发展有影响，演员会根据参与者在关键节点的不同选择做出不同的剧目以及剧情的演绎。它与传统的舞台剧不同的是，台上和台下的互动性很强。

这难免让人对国外的 LARP（Live Action Role Playing，实况角色扮演游戏）产生联想。但朱子龙认为，这两者其实是完全不同的概念。LARP 偏向于"cosplay"（角色扮演）的概念，参与者换上不同的服装在不同的场景里面，可以进行部分影视剧、动画剧桥段的扮演，然后拍照留念，或者录一段视频。而戏精学院却是提供了完整的故事框架和演出脚本，观众是沉浸其中的，而非游离在外。

3. 商业模式的打磨

在产品上，戏精学院的产品模式不是已经迭代完善才推向市场的，整个产品目前还在一个逐步打磨的过程中。每次的再理解和再调整都是基于原来的认知不停地迭代完善。从营销模式上来说，戏精学院目前演剧产品的表现形式是古装宫斗戏，剧本设定为古代皇宫。目前宫斗戏有热度，观众参与度高，体验非常好。但戏精学院一直在提醒自己：追热点只是一种营销手段，但你永远不知道下一个热点是什么。对于戏精学院而言，追热点可能是一个噱头、是一种市场传播的良好方式，但是公司不是靠"蹭热度"活着，公司卖的是自己的产品和体验。

因此，在价值主张上，戏精学院希望用户能获得的最重要的东西就是体验。在戏精学院参加活动是一种精神消费：可以在这个地方体验一下演绎的感觉，跟很多人进行互动，让用户感到开心、快乐。个人或团队参与可以增加用户之间的感情，用户与演员之间形成这种互动，可以增加参与者的体验，并且留给参与者的戏剧化体验让其久久难忘。

4. 竞争优势的确立

戏精学院认为，自己的竞争力是通过对产品的理解能力和执行力所确立的。因为戏精学院做的是一个互动产品，是需要与人进行互动的，所以人包括演员、编剧以及公司的所有员工都是戏精学院最重要的资源。借鉴模仿无法避免，这在任何行业都有可能出现，但学到皮毛和学到精髓的区别很大。另外，戏精学院非常重视品牌建设，在作品中强调年轻人的体验、感受，所有作品都申请了著作权保护。未来在技术上也正在尝试将 VR 技术和裸眼 3D 技术运用到自己的戏剧场景中，解决方案也越来越成熟，积累了非常多的实景效果。在市场上，戏精学院已经获得先发优势。朱子龙谈到当客户给予反馈，表示"我愿意再次来""我愿意把朋友叫过来""我愿意把公司的人叫过来""我愿意体验这个东西"的时候，他确认戏精学院的模式是可行的。

5. 未来的发展

作为一个新兴项目，目前市场反馈很好，所以戏精学院又开了很多的项目。因为项目本身的盈利情况较好，所以到现在为止还没有做过市场性的融资。而戏精学院目前最大的挑战就是市场拓展。现在戏精学院宣传完全是靠口碑，那么如何让市场更加快速地了解戏精学院，就是一个很大的挑战。酒香也怕巷子深，商家面对潜在用户，在解释新事物的时候不太容易说清楚，可能需要用户亲自体验之后才能更好地了解。现在的想法还是先把产品在迭代中打磨好，再逐步提高营销质量。

Step3：练习与应用

1. 商业模式与传统的商店是什么关系？与互联网是什么关系？请举出几个事例，说明哪些是新的商业模式。
2. 调研和查阅资料，收集两个商业模式创新的案例并进行分析。
3. 试着用商业模式画布分析你自己项目的商业模式。

Step4：总结与反思

1. 理论的一句话总结

商业模式创新是改变企业价值创造的基本逻辑以提升顾客价值和企业竞争力的活动。互联网的出现改变了基本的商业竞争环境和经济规则，标志着"数字经济"时代的来临。互联网使大量新的商业实践成为可能，一批基于互联网的新型企业应运而生。它们的赚钱方式，即商业模式，明显有别于传统企业，于是，"商业模式"一词开始流行，用这个概念来刻画、描述企业是如何获取收益的。

2. 推荐延伸阅读的文章和书籍

(1) 大前研一. 商业模式教科书［M］. 宋刚，译. 北京：机械工业出版社，2018.

(2) 柴春雷. 商业模式进化论［M］. 北京：机械工业出版社，2018.

(3) 加斯曼. 商业模式创新设计大全［M］. 聂茸，译. 北京：中国人民大学出版社，2017.

(4) 三谷宏治. 商业模式全史［M］. 马云雷，杜君林，译. 江苏：江苏文艺出版社，2016.

第六章

在路上——开展创业行动

创新创业实战教程

第一节 打造一款产品或服务

第二节 寻找天使用户

第三节 市场开发与产品迭代

第一节

打造一款产品或服务

> **导 语**
>
> "最核心的问题是根据市场去制定你的产品,关键是要倾听客户的声音。"
>
> ——阿里巴巴集团主席马云
>
> "创业者的头脑中向往的是一种行将改变世界的高质量主流产品,这个产品精致、巧妙,即将步入全盛时代,但事实上,却必须与一个漏洞百出的早期半成品达成妥协。"
>
> ——埃里克·莱斯

Step1:基本理论

2012年,美国实业家埃里克·莱斯编写出版《精益创业》一书。他在书中指出,初创企业的产品开发应该采用和大企业不一样的非传统方法,面向市场将客户的需求和营销视为和产品开发同等重要的职能。他提出了一套自己的方法——"客户开发"(Customer Development)视角下的最小可行化产品的精益创业,即先以极简产品尽早走向市场,然后通过快速学习来不断获取相关客户反馈,对产品不断进行优化迭代,从而获取市场。如今，这一精益创业思想被越来越多的初创企业所接受，很多创业者在创业中都尝试运用精益创业的理念和方法，甚至很多大企业也开始尝试使用精益创业的思维来进行产品开发。

在市场开发初期，开发者对客户需求的理解相对还有些模糊，目标客户的可选择性比较小，同时行业竞争也不太激烈，这时候潜在客户一般有比较充足的耐心和兴趣参与其中，也没有更多的企业带来竞争压力，所以这个阶段精益创业能够发挥很大的作用。但随着行业市场已经开始建立，行业竞争更加激烈，企业获得客户的反馈变得更加困难。如果初创企业缺乏对行业更深的理解而简单开发产品，一经推出便可能会被客户放弃。所以，创业者需要根据具体情况考虑和确定具体的策略。但不管怎样，精益创业的一些思维和方法仍然具有很强的适用性，包括重视客户需求、关注客户反馈和研发突出核心功能的产品。

下面以精益创业理念为基础，探讨初创企业如何打造和完善一款产品或服务。

1. 发现市场潜在需求

产品和服务是一个初创企业从市场走向客户的关键因素，是承载市场价值并实现客户价值的重要媒介。初创企业能否开发出一个好的产品或服务以满足市场需求，很大程度上决定了这个企业能否成功。微软因为 Windows 计算机操作系统而占领市场多年，苹果公司凭借 iPhone 智能手机曾独占鳌头。对很多初创者而言，打造和完善一款产品或服务是极具挑战的任务。

创业的目的在于创造价值。创业者为谁创造价值？当然是为用户创造，并且在为用户创造价值的同时实现自身的价值。为用户创造价值即为用户解决实际问题。因此，产品研发始于市场需求。产品必须紧扣用户，将用户的内在需求充分转化为外在产品或服务形式。通过发现市场需求，再进一步提出设想形成创意，经过概念开发、原型设计等流程，经由一定的技术路线，才可形成初步的产品样品。

客户需求是一个模糊的概念。需求不是创业者主观臆想出来的，需求是客户想要的或者重视的事物，代表潜在客户的真实利益。所谓市场需求，是指客户在某特定时期内，在一定的价值条件下，对某一商品具有购买力的需求，也即客户愿意购买并且有能力购买的产品。如果客户购买这个产品或服务，说明产品或服务能够满足其期望的利益。所以，发现客户需求就需要站在客户的角度来了解他们的利益是什么。很多时候无论是大企业还是小企业,从一开始就没有从客户利益需求的角度出发,而只考虑产品的功能设计,那无疑是一种错误的战略,由此也必然造成浪费。如果创业团队的计划是"先推出产品,看看会发生什么情况",那实在是碰运气,它是失败还是成功,可想而知。所以需要真正走到客户当中,去了解他们的真实需求。

当然,在初创企业中,谁是客户,客户认为什么东西有价值都是未知数,这种极端的不确定性使得创新创业具有相当大的难度。所以,产品开发的第一项工作就是要找到真实的需求。例如,网上有很多店铺销售肥皂、洗衣粉等日用品,但销售量可能不大。因为很多人习惯到商店和超市去买,而且商店随处可见,不必到网上花很多时间去淘,除非买其他东西时顺便购买一些。这一点看似只是消费者的习惯问题,但可能与真实需求不符,它们可能是一种伪需求。伪需求不是说这种需求不存在,而是说这样的需求应用的场景或设置的场景不对。

另外,需求又分为隐性需求和显性需求。显性需求是人们显而易见能看到的需求,这类需求相对容易发现;隐性需求不易捉摸、不易看到,甚至连消费者自己都可能忽略。例如,周末休息时总会有不少人想和家人或朋友相约吃饭、聚会。于是,有人便会问"想吃什么"。关于"想吃什么"的问题其实是一个显性需求,但如果再深入了解,对方有可能会提出更多的想法,不一定是去吃什么,还可能是去打球、逛街等,表达出通过一项团队活动来达到放松和社交目的的需求。这时,后面的这些需求就多是隐性需求。

如何找到真实的需求?有一个方式可以借鉴,那就是"寻找客户问题"。寻找客户问题就是发现客户的未被解决的问题,客户的抱怨、不满意,通常都是真实需求的信号。"客户痛点"是我们经常看到的一个术语,它也属于"客户需求"的范畴。"痛点"通常是指那些未被完全满足从而导致产生不满情绪的客户需求。简单地讲,便是人们在生活和工作中遇到的问题和烦恼,并且如果这些问题不能得到有效解决,便会很痛苦。小小的痛点代表着客户想要解决的问题,需求因问题而生。除了"客户痛点"外,"痒点"也是一种客户需求,而与痛点不同的是,那些不是他们急需解决的问题就可能是"痒点"。这样的需求形成产品后,需要强大的市场营销来促使客户购买。

为了寻找真实的需求,需要依靠具体的方法。常见的方法有调查法、观察法和资料法等。但无论采用何种方法,真正获取客户需求必须"走出办公室"。创业教父史蒂夫·布兰克(Steve Blank)一直强调离开办公桌椅、走出办公大楼,因为所需要收集的客户、市场、渠道甚至供应商、合作商等都是在企业办公室之外的。任何企业都不能凭感觉和想象来找到需求和发现客户,而需要走出去广泛接触外界。

2. 形成产品创意

形成产品创意具体包括以下两个步骤:一是识别整理客户需求信息;二是寻找挖掘机会方案。

首先,从发现客户需求到识别客户需求,这一过程较为烦琐甚至要多次反复,因此产品开发者要时刻清楚主要目的,而不至于迷失在混乱的数据和信息中。一款好的产品创意和设计要专注于一系列关键的客户需求,需要对收集到的与客户需求相关的数据和信息进行整理和排序,确定客户最需要的那些需求。识别整理客户需求,大概包括以下几个步骤:

① 从客户当中收集原始数据。前面提到的几种调查方法,都是用于收集相关数据和信息的。这些数据和信息是客户需求最直接的反映;② 从客户需求角度理解原始数据,将客户需求以书面形式表达出来,尽量站在客户的角度理解需求。③ 组织需求的层次。将针对客户的需求整理出来会发现,他们的需求多种多样。对需求进行梳理,可以将需求进行分类,从客户期望产品达到的功能、性能、外观等多角度分析。④ 确立相对重要的需求。这一步最重要,客户的需求可能会非常庞杂,在分类的基础上必须有所选择,确定客户认为重要的需求,且是愿意付费购买的。

其次,寻找挖掘机会方案。产品创意是满足客户一个新需求或者解决一个新问题的初步设想,这些设想更多只是概念上的。在整理了相关信息后,可以提出不同的机会方案。机会方案是对开发新产品的任何一个想法,它可以是一个新的技术、新的描述、新的组合形式。

开发产品的概念是一个非常具有创意的工作。埃里克·莱斯提出,这部分内容需要依靠"信念飞跃"(Leap-of-Faith)式的大胆假设。这需要结合前期的客户需求调查,发挥创业团队的创造力。形成一个可以成立的创意是非常具有挑战性的。有很多方法可以帮助人们形成创意,如自身挖掘创意形成,从客户那里获得,从竞争对手或者合作伙伴、供应商等处获得等。本书第三章和第四章给出了各种形成产品创意的方法。

3. 研发出最小化可行产品

产品经过创意形成初步的机会方案，即对产品进行了概念上的开发。接下来，按照精益产品开发的理念，是开发最小化可行产品。这是颠覆以往产品开发的又一个关键环节。精益创业强调客户导向，同时也强调开发并不完美的初级产品，经过客户的测试和验证进行改良，以更快的方式和更少的精力完成"开发—概念—测量"的反馈循环。而传统的产品开发通常要耗费很长的筹划时间，经过反复推敲，总想把产品做到更加完美。例如，百度最初的搜索引擎能够根据关键词进行一些基础的内容搜索，业务比较简单且集中在"搜索"领域。而经过几年的发展，如今百度形成了百度网盘、百度文库等其他相关功能，实现了更多信息的连接。它通过关键功能吸引客户并实现了增长。

最小化可行产品，包括确定功能设置与组合和创建产品原型两个步骤。

1）确定功能设置与组合。当产生不同的机会方案时，需要结合上述"形成产品创意"环节提到的"相对重要的需求因素"，通过对产品的性能、功能、原理、材料、结构以及制作工艺等方面的设想进行不同组合来形成的不同机会方案，进行相关的筛选，淘汰不符合关键价值定位的那些创意，找出解决问题的最佳方案。

如何进行功能设置与组合呢？首先，从客户需求入手，选取不同的产品维度进行评价、优先级排序。这与"形成产品创意"环节收集、整理和列出客户需求的任务是相辅相成的，只是前者是从需求的角度来看，后者是从产品的角度来看。可以对客户价值进行优先级排序，建立一张需求优先级图，如图6-1所示。将客户需求当中关注的重要需求列举出来，即将每一项客户需求从客户收益的角度进行优先级排列；然后根据每个需求层次，再列出不同的功能模块，这些功能模块按照优先级从高到低进行从左到右的排列。再接着，就需要做出一些艰难的决策了。这里，决策的原则是以客户为导向，通过调查和测试，最后确定客户期望实现的最重要的需求及功能。

在进行产品开发时，不能仅仅考虑客户需求，还要考虑企业价值。初创企业需要实现自己的企业价值，就要考虑盈利及投资回报等问题。投资回报率（ROI）可以直接用公式计算，可在坐标图中标出，如图6-2所示。其在图中位置越往左、越往上，便说明投资回报率越高。在图上标识出功能设置，可以以一个最低能够接受的投资回报率作为基础，超出的保留，低于的剔除；也可以按照投资回报率大小对功能模块进行排序，选择关键需求。所以，功能设置与组合需要兼顾客户收益和企业价值。

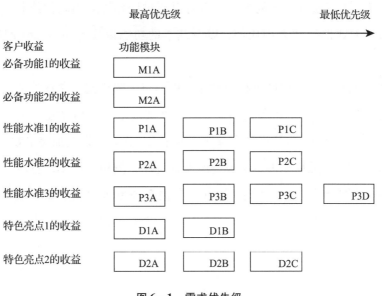

图 6-1　需求优先级

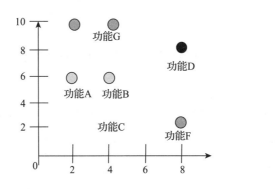

图 6-2　功能设置与投资回报率

2）创建产品原型。构建原型的目的在于测试创业团队关于产品的设想。我们不可能从一开始就设计出一款完善的产品，那样研发周期过长且风险更大。在初期对客户需求有了清晰的认识后，研发者应以简洁原则选择功能设置与组合，形成最小化可行产品。开发最小化可行产品，最初只是一个原型，目的是识别、确认最低限度的功能来验证产品思路是否正确。

最小化可行产品是什么样的？它应该是可以实际投入使用的一个产品，或者可以用来与客户互动的一个原型。从产品创意到产品原型，经历了草图（框架图）、模型到可以互动的产品原型。

① 草图。通过功能设置与组合定稿的产品概念，可以将其可视化。可视化的方式是绘制出草图，可以通过手绘的方式，也可以通过计算机应用软件绘制。草图向客户展示出产品的大致框架和大小比例，以及基本的功能设置与组合，让产品概念变得直观。

② 模型。模型是仿真程度更高的设计工件，与草图相比，它在外观上更加接近最终产品。模型更加立体，其中包括结构设计、外观效果、大小尺寸等各个要素的集合呈现。一些互联网产品可以用图像设计应用程序来创作，可以更加突出效果。

③ 产品原型。产品原型展示了最终产品的功能，但相比模型，更能与客户产生交互。如果是互联网产品，使用者则可以通过界面实现更多功能，如下拉菜单、文本输入、悬浮效果等。创建产品原型是一个发明和改进的过程，其中包含功能、形式、效用等各方面的创新。

Step2：案例分析

爱芽科技对口腔问题的解决方案

1. 企业情况

爱芽科技是苗得雨于2014年10月创建的公司。苗得雨曾先后担任腾讯电脑管家产品总监、奇虎360产品总监，具有10年互联网产品研发经验，熟悉智能硬件，带队研发过3款用户过千万的产品。爱芽科技致力于中国口腔问题的解决，2015年4月获得千万级天使轮融资，2015年10月获得Slush中国国际创新创业大会亚军，2016年6月获得A轮融资。

2. 对口腔问题的认识

爱芽科技认为，国人虽然认识到"病从口入"，但很多人并不重视口腔卫生。特别是到了近现代之后，当全球主要发达国家都将口腔卫生列入公共卫生与健康的重要一环之后，中国人仍然有高达98%的龋齿率，牙周炎和牙周袋疾病在中老年群体中也非常严重，根据世界卫生组织报告，我国有95%的人口正在遭受不同的口腔疾病困扰，60%的儿童有龋齿。在"90后"大学生群体中，有83.1%的学生有不同程度的口腔问题，如牙龈出血、牙齿敏感、磨牙、龋齿、口腔异味等。根据一份国际机构的报告，我国80%心脑血管疾病源于齿科的问题。

通过对问题的深入分析，爱芽科技总结有三点最为重要：①国人的刷牙意识和方法需要改善；②国人的牙龈牙周问题较为严重；③国人身边缺乏牙医这类专业人士的指导。

3. 口腔问题的解决机会

爱芽科技认为，通过智能技术——电动牙刷解决口腔问题的机会窗已经打开。这个认识的确立主要是基于以下一些考虑：①现有市场认知成熟，不用再教育用户，渠道多也容易销售；②牙刷不是一次性的消费，而且人们每天都会使用很多次；③牙刷的周边产品像漱口水、牙线等比较丰富；④这个行业容易通过技术树立品牌；⑤相比老一代人，"85后"更加关注口腔健康，包括洗牙、治疗、刷牙等方面，并且会越来越愿意提高生活品质，其实也是顺应了时代的变化和消费升级；⑥目前国内环境下，医疗行业的政策性壁垒很强，其中口腔是商业化程度最高的领域之一。从大学录取来看，牙科的考分也比较高，牙科专业的学生毕业就可以开设诊所。综合各方面的条件，苗得雨及其团队决定投入电动牙刷项目。在真正投入项目之后，苗得雨发现做这件事情很有使命感和意义，不仅是一桩好生意，而且可以找到真正的事业感和方向感。

4. 针对问题的产品设计

针对我国的口腔问题，爱芽科技的解决思路是从刷牙习惯养成、刷牙方法教导、刷牙效果反馈、牙医引导介入几个方面入手，将这些功能集中到一个App中，然后通过一把智能的电动牙刷，跟踪分析用户的刷牙习惯，并实时地将相关数据反馈给用户和牙医。除此之外，作为智能家居生态的一环，将智能牙刷与智能镜子、智能音箱等进行联通，借助硬件设备与移动互联网有机结合，通过对口腔数据的挖掘、分析、建议和服务，让家居生活更加智慧，让口腔清洁更加智能。当用户长时间忽视牙齿健康之后，系统就会适时地进行提醒，防止用户因为忽视与不注意而造成牙齿健康的问题。同时，依靠这套系统，爱芽科技链接了2000多名牙医对接到具体的患者，帮助6000多名用户解答口腔问题。目前，公司已经有多款产品上架，同时在京东、天猫、360商城等多个平台进行推广，公司后续的发展也会围绕口腔护理推出更多的产品和服务。

▶ Step3：练习与应用

1. 如果你要开发一种产品，如何用精益创业的方式进行？如何理解这是一个客户开发的过程，与以往产品开发不同，客户开发的第一步是考虑什么？

2. 为了提神，很多人会选择喝咖啡。说到咖啡，今天人们想到的不仅是雀巢、星巴克，还有一个品牌——瑞幸。2018 年，瑞幸咖啡建立并迅猛崛起，以其独特的人群定位和价格优势，在我国轻食市场掀起一个浪潮。但也有报道，瑞幸一年亏损近 9 亿元，很多人认为所谓的市场只是靠狂砸资金推出来的。你认为，瑞幸咖啡满足的客户需求是什么，到底是真需求还是伪需求？把你的想法写在下面相应位置。

客户需求：_____
真实需求：_____
伪需求：_____

3. 同样还是咖啡，星巴克从 1999 年进入我国并占领了我国市场多年，目前门店超过 3600 家，分布在我国 150 多个城市。星巴克的价格一直不低，在争议之下也曾做过"官宣"。你认为，星巴克咖啡的产品显性需求和隐性需求分别是什么？

显性需求：_____
隐性需求：_____

4. 小物件却有大作用。人们经常使用马克笔，它具有易挥发性，用于专门书写或绘图。请用特性列举法看看它具有哪些功能特性，接着再用组合法、联想法来进行新的产品创意，另外分析用户对这种笔会有哪些重要的新需求层次。

	A 部分	B 部分	C 部分
功能水平			
1			
2			
3			
性能水准			
1			
2			
3			
特色亮点			

5. 当下，"共享"不仅是经济增长的一个路径，也成为创新创业的商业模式。平时看过"知乎"和"得到"两个知识分享 App 吗？请你试着分析这两个项目的产品与

服务有什么相同和不同之处。

Step4：总结与反思

1. 理论的一句话总结

任何创业项目都需要有自己的产品逻辑，初创企业的一大任务就是把理念转变为产品。一种产品需要真正挖掘客户需求，真正为客户解决实际问题。从问题出发，创意性地打造一个产品。这样的产品不是某一特定功能，而是一系列功能的设置与组合，通过功能设置与组合以实现客户价值。

2. 推荐延伸阅读的文章和书籍

（1）莱斯. 精益创业——新创企业的成长思维［M］. 吴彤，译. 北京：中信出版社，2012.

（2）沃伦，卡普兰. 创业学［M］. 周伟民，吕长春，译.2版. 北京：中国人民大学出版社，2009.

（3）董青春，曾晓敏. 创业行动手册［M］. 北京：清华大学出版社，2018.

第二节

寻找天使用户

> **导 语**
>
> "关于客户的事实存在于客户工作和生活的地方,企业创始人必须走出办公室,深入客户中间了解情况,这个步骤叫作客户探索。"
>
> ——史蒂夫·布兰克

Step1: 基本理论

1. 什么是天使用户

2010年,小米科技创始人雷军要求团队不花钱将MIUI做到100万名用户。他做手机的第一步便是邀请100位发烧友共同体验MIUI,陪他们一起测试还没有开发的小米ROM。第一批用户也让第一版小米手机在没花一分钱的情况下迅速在年轻人之间传播。小米的做法并不是个案,越来越多的企业开始关注并尝试开发最早的一批用户,让这一群体从一开始就能参与到产品开发,及整个产品生命周期当中。这正是精益创业理念下用户开发的具体做法。

在互联网时代,传统的商品销售思维已经过时,企业不再简单地买卖货物,而是需要更多地理解用户需求，站在用户角度考虑产品，并需要与用户充分互动，共同打磨产品。因此，获取"第一批"用户，成为一个企业能否在市场上站稳脚跟的重要步骤。

天使用户是指最早使用产品、最认同产品，并希望更多人接受这个产品的那批用户。因为认同产品，所以他们更愿意提供帮助，与创业者一同成长。他们愿意多花些时间，与创业者一同讨论并提出相关改进意见和建议，甚至愿意成为早期的合作伙伴。既然如此重要，创业者需要尽快确定天使用户的来源，并缩小沉淀用户的时间。

天使用户也是最初的目标用户。寻找和获取天使用户与识别用户需求是同步的，前面提到的找出问题并且确定解决方案，甚至对产品进行测试，基本上都是通过寻找最初的用户，围绕最初的用户所做的相关工作。

庞大的人群中，谁才会是我们的天使用户呢？找到他们并不容易。他们会是年轻人、中年人或者老年人？是普通白领还是企业高管？是未婚还是已婚？他们的年龄多大？收入水平怎么样？他们的消费习惯如何？他们在什么时间使用？他们如何接受产品信息？等等。我们面对的人和人群各式各样，不知道如何开始。这些人都可能是潜在用户，但既然是用户，一定有着不同的消费偏好和消费需求，需要从用户的需求属性来找到目标用户。所以，当你试图定义目标用户的时候，可以先大致寻找相关的用户群体，再接着集中从个体出发，发现最具代表性的用户形象。

2. 用户画像

你可以用用户画像的方式寻找目标用户。首先是锁定大致的用户群体，接着为了更加具体地描绘目标用户的特点，可以通过"人物角色模型"来协助。人物角色模型并不是某个真实存在的人物，而是一个假设的使用者原型。它的作用在于，对未来目标用户和用户需求进行更加精确的定义。可以把了解到的最具代表性的用户的全部信息汇集成一个人物画像，描绘成一个完整的说明。

人物角色模型不仅可以针对初创企业，很多成熟企业的产品开发团队和用户体验团队也常常使用这一办法。对于团队内部，有了用户画像，每个团队成员，特别是与产品有关的人员都能够对这一用户群体形成最直观的认识，保证大家的想法在同一频道上，不至于窝工浪费、互相冲突；对于团队外部，大家准确把握了用户特征，才有助于共同进行产品决策，对外进行调研、实测和用户体验反馈，实现相关的营收。

初创企业刚开始并没有自己的用户,这时就要发挥想象力来自行设想目标用户的概貌,然后通过与符合这些特性的潜在用户交流,以充实相关信息并进一步验证之前的假设。那么,用户画像要有哪些信息呢?一个实用的用户画像需要具备比较完整的信息,包括与用户相关的人口、心理和行为等个体的消费需求属性,以及对这些信息的高度概括。这些信息应该尽可能地体现用户的核心特征的细节。如图6-3所示用户画像的相关概貌。其中图的左边是画像,可以是一张现成的图片,也可以手绘一张用户的人物形象;在画像的右边,标明基本画像信息。

图6-3 用户画像

那么,如何有效收集这些信息呢?有以下三个关键点:

(1)理解用户。用户画像是建立在对用户的深刻理解基础上的。从用户态度、动机到行为,收集细节特征的信息很多,但这些信息的前提是必须从用户的角度出发,理解用户的真实需求。例如,可以设问,他们真正的问题是什么?不谈我们的产品或服务,他们真正需要的是什么?

(2)寻找关键变量。通过用户访谈等多种方法,可以收集到各种用户信息,包括职业、兴趣、文化水平、消费观念、消费偏好等,但需要在众多信息里抽丝剥茧,找到与产品或服务最相关的那些关键变量。例如,针对老年人进行智能手表的开发,信息当中的核心因素可能有:年龄、消费观念、收入水平和互联网技术程度等。找到关键因素,再把收集到的相关信息进行填写,形成各个不同的信息值。

(3)聚类。列出了关键变量,把收集的主要信息依次填写出来,有些信息值是重复的,重复越多,表明共同点越多,对这些共同点进行聚合,便会连接出集中的信息值,作为每个维度比较有代表的特征,如图6-4所示。由此,制作出的用户画像应该比较具有代表性了。

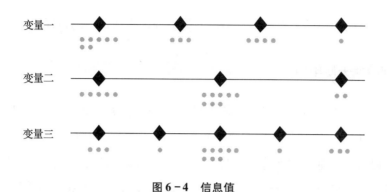

图 6-4　信息值

3. 用户细分

用户画像是对目标用户的关键特征表达。为了更加准确地走向目标用户，在通达最直接的用户之前，可以依照用户画像提供的关键因素，对一个宽泛的、不知如何入手的市场进行划分，划出若干个不同的次级市场，以找到目标用户的范围。那些具有关键因素的信息特征的用户便组成目标客户市场。这项工作即为客户细分，也可以称为市场细分。

纵观很多成功的产品案例，它们确定的目标用户群体都是界定清晰、消费特征明显的，在产品上体现出专注、极致、解决核心痛点。例如，小米手机的目标用户更关注手机的功能，但因为收入水平受限或者消费观念影响，他们对价格有所要求，以收入不高、喜欢时尚的年轻人为主。

前面对用户画像的信息归类，在此同样适用，相关维度也是划分目标用户市场的维度。进行归类的相关信息包括：人口属性、商业属性、消费行为、日常生活状态等。这些信息基于不同的标准，主要有五类，包括基于人口统计学的信息、基于地理的信息、心理学的信息、基于行为学的信息和基于社会文化的信息。

基于人口统计学的信息：人口统计学一般表现的是用户的基本信息，如年龄、性别、职业、收入、教育背景、社会阶层甚至宗教信仰等。

基于地理的信息：按照相关的地理特征划分，包括地形、气候、交通、城乡构成和行政区划等。

基于心理学信息：用户的个性特征，如态度、观点、价值观与兴趣等。

基于行为学的信息：与行为学的因素相关，如使用频率。

基于社会文化的信息：按社会文化特征来看，包括民族、宗教等。

根据这些不同的标准可以将信息进行分类组合，找到相应的目标市场。

4. 如何寻找天使用户

最早一批愿意使用和支持产品或服务的目标用户，就是天使用户。杰弗里·摩尔（Geoffrey A. Moore）曾在其著作《跨越鸿沟》中，在介绍如何对科技类产品进行市场营销时，他提出一个重要的概念——技术采纳生命周期。他根据用户采用新技术的偏好，将目标客户市场分成五个细分群体。他指出，很多具有颠覆意义的创新产品，是受到创新者和先行者用户认可的。我们可以借鉴这样的理念来考虑和定义天使用户。苹果公司前CEO乔布斯曾提过"公司绝不进行市场调查"，其实，这一看似傲慢的言辞源于他们对坚持多年的天使用户战略的信心。苹果的产品一直都为有态度、追求品质、特立独行的人群服务，赢得了很好的用户口碑及市场份额。

但杰弗里·摩尔又认为，创新者和先行者难以对早期大众形成强大的拉动力。因此，他提到先行者、创新者与早期大众之间有一条巨大的鸿沟。但互联网发展到今天，那样的鸿沟能够真正地被跨越，因为社交网络让口碑宣传得以实现，领袖意见可以有效带领和引导大众，早期支持者不仅仅是尝试者，并且还可能带动其他人购买。所以，找到一批最早的支持者作为天使用户，对新产品开发起着重要带动作用。

那么，谁会是我们的天使用户呢？

（1）他们首先对你的初心感兴趣，认可你的价值观，因此对产品当下的问题会更具有包容度和耐心，并能够主动提出建设性意见。所以，与天使用户聊天的时候，往往应从眼下问题出发，彼此激发和收获更多的好主意。

（2）他们往往具有开放的心态，乐于助人，愿意主动承担一些力所能及的任务。所以，如果向他们提出一些协助的请求，一般会收到比较积极的反馈。在这些协助中，他们最喜欢也最容易做的，是帮你收集身边朋友的意见。

（3）他们愿意担任产品的"友好大使"，对外推广并愿意解释问题。可以请他们帮忙来一同维护种子用户社群，如微信群或者QQ群。这样的角色也会让他们体会到极强的参与感，从而促进彼此更加密切的合作。他们将塑造产品与服务的气质，所以要深入挖掘和谨慎甄别。多与初期用户谈谈你的初心，并向他们发起一些简单的求助，是最有效的方式之一。

获取天使用户有以下几种方式：

（1）线上方式。具体有以下两种方式：① QQ、微信和各类 App。这里有大量的群体活动，组成了众多的社群。这种方法的好处是用户因兴趣和话题聚集，便于建立联系和继续了解。② 微博、微信公众号、各大论坛和私人在线社区。这里有泛话题社区，也有一些特定的主题论坛，可以发帖寻找潜在的用户。

（2）线下方式。具体有以下三种方式：① 请亲朋好友推荐。亲朋好友是最直接的渠道之一，我们对现有的资源能够有一定的了解，减少了相互认识和熟悉的过程，这一点将节省不少精力。从其中找到有待解决问题的那部分人，他们可能是潜在的用户。② 行业聚会和专业会议。与上一类相同，这仍然是比较直接的产品或服务开发渠道的方式。因为主题明确，所以相关人群也比较聚集。③ 主题活动或商业场所。如果参加马拉松比赛，会发现那里难得地聚集了各类跑步健将；如果走进商业购物中心，在不同品牌柜台，会找到那些对相应商品感兴趣的群体，可能也是潜在用户。

5. 产品测试

初创企业的新创产品开发开始都是实验性质的。沿着需求出发，产生一定的创意、形成一定的产品概念，再将概念开发成最小化可行产品。但是，即使我们努力地接近用户的需求，也仍然不确定是否真正符合。如果盲目进行批量生产和市场开发，风险是非常大的。所以，必须对产品进行测试，即采取"开发—测试—认知"的反馈循环方式。很多初创企业虽有这方面的意识，但还是会忽略测试环节，大企业更容易基于以往的成功经验和已有的用户群体而盲目自信。

基于对目标用户的假设和锁定了天使用户之后，就可以开始用户测试工作了。

首先，确定应该找多少用户进行测试。如果选择参与测试的用户数量太少，可能难以发现需要了解的基本问题，以及针对那些问题提出的代表性的意见和观点；如果参与测试的用户数量太多，信息可能会有重复并过于繁杂，造成时间和资源的浪费。为了既获得足够信息又不至于老生常谈，可以先选择较少数量用户，进行一定测试后再考虑增加数量。每个初创企业需要根据自己面向的市场来预设，选择几人、几十人或上百人。

其次，确定测试的方式。测试的方式主要有以下三种：

（1）面谈。从测试角度，虽然网络的覆盖面广，但面谈在更多方面要优于网测，因为我们需要走近用户、深挖用户问题和对产品的反馈，这一点其他方式不可替代。

所以，即便网络发达，依然需要留出时间邀请潜在用户或者很有可能成为天使用户的用户进行面对面的测试。面谈的地点，可以找一家咖啡店，在愉快、轻松的环境中进行；可以约在初创企业，以一种比较正式的方式进行；还可以设置一定的情境，例如在用户的家中或者专门的体验区等，此种方式对双方的信任度要求比较高。

（2）网测。可以通过好友推荐、社交媒体、电子邮件、论坛、博客等网站和平台进行测试。另外，还可以通过广告、文字链接、自然搜索方式甚至关键字竞价广告，吸引潜在用户访问或使用企业的解决方案和最小化可行产品。现在，网上也有很多天使用户测试表和统计表，可以结合一些软件来搜寻用户进行测试。另外，可以通过合法途径购买企业名册和潜在用户列表、用户邮件列表等，可以找一些行业媒体和网络媒体提供更加精准的用户进行测试。

（3）观察。用户的时间宝贵，如果与用户暂时未能建立更进一步的沟通，或者并无必要，那么可以尝试用观察的方法。例如，如果开发一个银行客户服务软件，那么可以走进营业大厅进行观察；如果提供市面上已有的产品，可以到该产品的销售处进行观察。

再次，开始正式测试。需要准备一份测试脚本，列出打算展示出来和想要询问用户的问题。这需要相应团队成员提前做好计划和设计，列出最能了解到用户的问题、用户需求和对产品反馈的相关问题。通过做一个提前版本，才能够明确需要向用户展示什么、提问什么、达到什么效果。当然，这一项也非常考验创业团队的实际能力。策划好基本流程，设置好大致的时间，就可以正式开始测试。用户测试中，良好的开端非常重要，需要预留一定的时间以保证测试顺利进行。在完成提问和讨论后，测试工作基本结束，对测试进行收尾，可以让用户对总体情况进行一个反馈，包括之前测试提到的任何问题。

最后，收集整理用户反馈信息。用户测试完成之后，需要整理相关数据和信息，以评价最小化可行产品。用户测试反馈包括：总体产品情况和用户体验结果。总体产品情况反映用户心中最小化可行产品功能设置与组合能够解决多少问题，以及能够给用户带来多少预期的效益，这是产品本身的价值。另外，还需要测试用户体验，用户对产品的满意程度、喜好程度如何，这反映用户价值。也可以制作一张用户信息反馈表，如表6-1所示。

表 6-1　用户信息反馈表

	功能一	功能二	功能三	功能四	功能五
总体功能设置					
可用性					
可靠性					
用户体验					
满意度					
喜好度					
重要度					
潜在需求					
期望一					
期望二					

每次测试后，不仅从用户那里收集到关键信息和数据，还可以记录他们的评分，将其进行归类整理。这样，就可以了解整个用户群体对最小化可行产品的评价。在所有评价中，既有定性的评价，也有定量的评价；既有产品角度的评价，也有用户偏好的评价。企业不能陷在产品一个维度来考虑。例如，老年人一定是电视的忠诚用户，如果推出一款手机视频播放软件的产品，即便再方便、简单，他们对产品的满意度再高，仍然会有相当一部分老年人选择电视，因为他们对电视有所偏重和喜好。所以，真正向市场推出产品前，不能忽略目标用户在市场方面考虑的因素。

用户测试是最小化可行产品走向市场之前的重要一步。寻找天使用户并进行相关用户调查，是发挥天使用户作用的一个重要环节。他们保持对产品的初心和耐心，始终不离不弃，帮助产品共同成长，为市场化推广给予了巨大支持。

Step2：案例分析

泛优咨询与天使用户的陪伴成长

1. 企业基本情况

泛优咨询顾问（北京）有限公司（简称泛优咨询）是张美吉于 2015 年创办的一家人力资源服务公司。创立泛优咨询之前，张美吉曾任北京天之择人才发展有限公司副总经理，并在多家国内外的咨询公司有工作经历。张美吉擅长创业型公司和互联网公司的组织架构专业咨询和人效比提升，思路和方法易于实践，精准落地；同时擅长人才职业咨询发展规划，尤其擅长中高层人才的个人成长曲线规划。泛优咨询在2016年4月和6月分别获得优客工场种子轮投资和鸿泰上诺天使轮产业投资，2017年5月开发的"喵才"App上线。"喵才"是一款专做创业圈中高端求职的平台，主要板块分为：求职、人脉分享、职场成长，不仅给求职者提供真实的职位信息和一对一的专人服务，还可以让求职者把职位一键转发给朋友，实现"人脉变现"；同时，不定期举办沙龙分享活动和线上课程，帮助用户职场技能。

2. 与天使用户共同成长

张美吉2012年从外企辞职的时候正好赶上国内互联网行业极大发展，各传统行业都在"触网"，当时一些比较成功的项目给了她很多启示。在帮助"好未来"搭建网校的时候，她发现好的互联网人才能够与传统企业更好地结合。接着，张美吉的团队开始为崭露头角的VIPKID、优客工场等初创型企业提供人力资源服务。

在为早期天使用户服务的过程中，泛优咨询对传统领域商业模式新的变革有了更加深刻的认知，发现这中间会有很大的咨询机会和人才机会，于是将专注点聚焦于教育、共享经济、消费升级等移动互联网、传统行业+互联网等新兴领域的初创期及快速发展期企业，提供人力资源解决全案的咨询业务。由于早期天使用户发展比较快，也倒逼了泛优咨询不断深化自己的服务和研究水平，使自己可以不断地为用户提供持续性服务。

目前，泛优咨询将这种服务确立为初创型企业人力资源全案陪伴式服务，包括全程战略咨询、全场配套解决方案。咨询包括早期的战略、战略解码，再到落地计划。解决方案主要是找人的问题。找到人后，快速把新人和原有的团队进行融合，例如用工作坊的方式，以人力领域的团建形式，去融合。之后的问题就是融合的集体如何提升技能，主要解决方案就是培训，进行团队升级。

例如，如果用户需要新业务方面的增长，需要关于新维度发展的指导，泛优咨询就会先由战略顾问帮助用户梳理一下未来的战略应该是怎样的。因为公司的战略制定出来了，在梳理过程中，就可以提取其中重要的组织架构部分，所以公司的组织是否能够与这个战略相匹配，就需要咨询框架设计，包括整个公司战略制定出来后，公司的团队是否能够透彻地理解战略。泛优咨询开始帮助用户一起制定战略、整个拆解战略，搭建组织架构图，按架构招聘功能性人才。后期招到人之后，需要提供工作坊的方式，使新人融入团队，之后紧跟着进行职业技能培训，使团队的凝聚力和作战力得以提升。

在深度研究服务过的天使用户企业的发展轨迹之后，泛优咨询总结出了一套初创企业用人原则。通过自创的人才五步法"选—融—用—培—留"，使初创企业在最短的时间内在人事上快速度过从 0 到 1 的尴尬期，夯实从 1 到 10 的提速期。泛优咨询的服务从中高层关键岗位的招聘、初创型企业人力资源全案陪伴式服务，到成长型企业团队升级和复盘，全方位、多角度地帮助初创期和快速成长期企业解决"人"的痛点。这些为天使用户服务过的经历，正在逐步形成泛优咨询的核心竞争力。

Step3：练习与应用

1. 本节开始时提到小米手机。请你帮着分析，小米手机主要面向的目标用户群体是哪些？小米手机是如何发挥天使用户的作用，帮助它完善功能设计的关键方面的？

2. 从很多企业的成功经验看，给特定群体提供更加专注的服务，远比给广泛人群提供低标准的一般服务更接近成功。相信很多人都知道"豆瓣"评分。"豆瓣"专注文艺事业十多年，为文艺青年服务，用户的黏性非常高。文艺青年聚集在这里能找到知音、找到归宿。请你做一个关于"豆瓣"的用户画像，分析这些用户的主要特征有哪些。

3. 如果你是一位创业者，一定要让更多的天使用户喜欢你。分析一下"知乎"的创业案例。从"知乎"的成功，可以看到天使用户的巨大作用。2011 年，"知乎"作为知识问答平台迅速蹿红，它定位的天使用户从最初的几十人发展到几百人。请你分析一下"知乎"最早的一批天使用户是如何带动产品推广的。

Step4：总结与反思

1. 理论的一句话总结

早期的天使用户可以帮助一起迭代和推广，那么用户画像能够更加明确用户特征和突出用户需求。所以，初创企业的任务是寻找天使用户，描绘用户画像，获取早期支持。

2. 推荐延伸阅读的文章和书籍

(1) 阿什莫瑞亚. 精益创业实战 [M]. 张玳,译. 2 版. 北京:人民邮电出版社,2013.

(2) 龚焱. 精益创业方法论:新创企业的成长模式 [M]. 北京:机械工业出版社,2015.

(3) 任荣伟,梁西章,余雷. 创新创业案例教程 [M]. 北京:清华大学出版社,2016.

第三节

市场开发与产品迭代

> **导 语**
>
> 创业，最初只有写在一张纸上的设想，对产品、服务、商业模式、渠道、资源、合作伙伴等都是一种规划和概念上的界定。如何真正实现设想，最终还是需要面向客户群体，通过将产品或服务投放到市场来检验。市场开发，便是进行宣传推广把产品从企业转移到客户，在满足客户对产品的实际价值基础上，实现企业自身价值的过程。

Step1：基本理论

对创业者而言，打磨出初级产品，找到天使用户这样的早期支持者，进行用户验证，从严格意义上讲，这已经进入市场开发阶段，是市场开发的早期探索。产品的早期支持者，对相关产品或服务一般都有迫切期待，因为产品和服务能为他们解决问题，至少已经在尝试解决相关问题，所以他们能够响应初创企业的设想和解决方案。经过早期探索和产品测试调整，初创企业进入正式的市场开发。因为只是依靠天使用户，在数量上是远远不能推动企业运行的，所以企业必须获取更多的用户，实现必要的收益。

1. 市场类型和竞争分析

和研发产品一样，初创企业以精益理念进行初步的开发可以有效减少浪费，明确市场投入方向，也可以少走弯路。进行市场类型的划分目的是找到企业适合哪一类市场。在客户探索阶段，创业者寻找早期支持者，就是对早期市场类型的一种假设的判断和测试，以便在正式推出产品或服务时能够更加精准地面对客户进行营销。

市场类型，可以按照不同分类标准进行划分。按照用于生产还是消费，可以分为生产商市场和普通消费者市场；按照交易对象的具体特征，有技术市场、商品市场、劳动力市场、信息市场、金融市场等。这里，从产品情况、竞争情况和客户特征上，将市场类型分为以下三种：现有市场、新市场和空白市场。无论什么产品、无论何种渠道，都需要选择其中的一个。

（1）现有市场。现有市场是客户需求和产品社会价值已经得到充分论证的市场。这样的市场充斥着大量同类产品或相似产品，产品的用户数量很大，存在大量的竞争企业，市场竞争也非常激烈。

初创企业研发的产品如果与市场上已有的产品有很多相似之处，一般面对的就是现有市场。因为市场高度成熟，无论是智能手机、家用电器还是服装饰品，大多数产品都是投放到现有市场，初创企业无从选择，必须面对众多的产品、众多的竞争。对于初创企业来讲，面向这种市场有利有弊。好处在于有现成的经验可循，可以学习已有企业如何开发市场、如何推广产品、如何找到最适合的那部分客户；弊端是市场竞争激烈，现有企业占据大部分市场份额，并且会建立较高的壁垒。所以一般来讲，初创企业进入现有市场，总是力量弱小的一方。

面对现有市场，企业所能做的是：① 分析竞争情况；② 选择目标客户；③ 采取不同的开发策略。

可以通过以下提问来分析竞争情况：

现在有哪些不同的目标市场？

主要目标市场的客户有哪些特征？

现有企业不能满足客户的哪些需求？为什么不能满足现有客户需求？

我们创造了哪些需求？

我们提供的产品特征有哪些优势？

我们能够开发多大的市场，目标市场是什么，让客户接受产品大概需要多久？

通过提问的方式可以帮助企业有效分析和逐步推进任务。

（2）新市场。如果初创企业推出的是新产品，并且不存在已经形成的市场，那么就进入一个新市场。很多初创企业希望进入一个新市场，因为避开了激烈的市场竞争，想象着偌大的市场没有竞争对手抢占市场份额，可以逐步开发，拥有无限预期收入。然而，这只是想象。

首先，企业没有任何客户，意味着需要长期培植客户，需要用较长的时间让客户普遍接受新产品和新服务。企业不需要考虑战胜竞争对手，但需要努力让客户相信其愿景的可实现性。其次，如果要产生足够的利润，更需要一定时间的积累。可如今的技术突破和产品或服务更新非常迅速，当企业建立了市场优势，很快便会有竞争对手出现。为了应对竞争，企业需要花费相当大的精力。所以，新市场的重要任务是获得客户并创造购买行为，虽然企业在产品或服务上、价格上、渠道上等具有明显的优势，但还需要引导客户建立相应的消费习惯。

（3）空白市场。空白市场是指现有产品和改进产品等面向的不是现有的市场，而是一个未被开发的市场。这是一种相对比较理想的方式，既有现成的经验可循，同时还没有形成一定的竞争。之所以形成空白，可能是因为地理条件、物理条件的限制，也可能是因为信息、渠道受限，还可能是因为客户消费习惯和消费理念的差异。如果要开发相应的市场，需要针对不同的情况来实施。地理条件和物理条件相对比较容易实施，但一般会带来成本的大幅增加，例如针对日常消费品开发农村市场；如果是信息、渠道受限，需要找到有效信息和找准相应的渠道进行对接；如果是客户消费习惯和消费理念的差异，相对难度比较大，需要一定的培育期，有一个过程。

这里特别说明一下，关于客户群体细分，最近几年比较流行的是由亚历山大·奥斯特瓦德（Alexander Osterwalder）和伊夫·皮尼尔（Yves Pigneur）在《商业模式新生代》一书中提到的分类，包括大众市场、利基市场、区隔化市场和多元化市场，相对比较复杂，这里不做赘述。另外，关于竞争，很多创业者会想到波特五力模型，但这样的模型更适合大企业面对的成熟和高度竞争的市场，与初创企业不同，所以也不做探讨。

接下来，当初创企业经过评估，经过对天使用户的最初探索和产品测试后，便需要实实在在地开始市场销售。

2. 真正走进市场

到了真正面向市场的时候，也是真正考察初创企业的一切设想的关键时候。其中的重要环节就是销售。其目的是将初创企业打造出来的产品或服务带给客户，与客户进行沟通，通过传播、推广来实现交易产品或服务，以实现双方各自的价值。但说时容易做时难，我们往往拿着纸面数据或理论框架，或者 SWOT 分析，做出一个营销策划方案，往往实际意义不大，甚至 SWOT 分析大同小异。因为使用这些工具在于梳理思路，但不能照搬照抄，必须结合初创企业的现实情况和面对的具体市场情况。销售实际上是一个系统工作，需要产品研发、市场推广、客户反馈、运营管理等各个职能的共同配合，而且要对具体问题具体分析。这里引用史蒂夫·布兰克的一个漏斗模型。将常规市场销售的几个要点与漏斗模型结合起来，如图 6-5 所示。

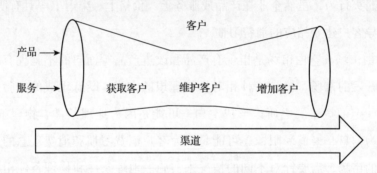

图 6-5　漏斗模型

第一个要点：渠道。

产品从生产者转移到消费者也就是企业的具体客户中，中间经历的路径都是渠道。在产品转移过程中，参与产品转移活动的所有组织便构成渠道商。实体渠道中，根据渠道商权限的不同，分为经销商、代理商；根据所处销售环节及单次销售产品数量的不同，分为批发商、零售商；根据介入的层次不同，又分为零级渠道、一级渠道、二级渠道等。一般来讲，渠道越长、越多，企业产品扩展的可能性越大，但是与此同时，企业对产品的控制权越小，信息反馈的有效性越弱。所以，传统行业中现代企业越来越强调对渠道的控制，在市场竞争激烈的情况下，通过占据渠道优势来把控局面。对于互联网项目,当今的互联网带来的最大变化,便是消除或者削减了中间渠道,使渠道变短甚至变为零。消除渠道,对于消费者是一大福利,减少了中间若干环节,使信息可以直达消费者,同时产品的成本大为降低。互联网渠道有免费媒体和付费媒体两种,包括网站主页、微博、微信公众号等众多渠道类型。

建立销售渠道的任务,就是把生产经营者和消费者(也就是客户)联系起来,让生产经营者生产的产品或提供的服务能够在恰当的时间、恰当的地点,以恰当的方式转移到消费者。对于初创企业,特别是在现有市场,更需要尽快建立有效渠道,将在天使用户那里获取的成功经验尽快推广,以获得更多客户。例如,对于饮食类快消品,包括咖啡、奶茶、果汁,当面临大企业或者外资企业的市场控制时,可以选择避开大型超市,选择餐厅、饭店或街边超市。传统项目也可以借助互联网进行营销。例如,端幸为了与星巴克进行竞争,选择网络销售+外卖送货的方式,在销售数量达到千万杯乃至上亿杯时再开始搭建线下咖啡厅。又如,小米手机为了避开苹果、三星等公司的竞争,利用微博、论坛等免费媒体,通过互联网直达消费者而不走传统渠道,建立了独特的渠道优势。

第二个要点:客户。

按照史蒂夫·布兰克的观点,成功进行销售包括"获取客户""维护客户"和"增加客户"三项任务。

获取客户,就是把客户吸引到已确立的销售渠道中。前面提到的天使用户,作为早期的支持者,可通过激发他们的消费需求来引导和带动更多的客户,其主要目的是获取客户。无论是实体渠道还是网络渠道中,销售都要经历建立产品印象——刺激消费意愿——促成消费行为的过程。在实体渠道中,可以通过公关活动、专门的产品评论,或者行业展会和电视、报纸、杂志等媒体进行广告宣传,增加消费者的印象,进行促销推广;在网络渠道中,通过免费媒体或者付费媒体吸引消费者的关注,引导其注册、登录,但这并不是获得客户,因为更重要的是"激活"他们。这是互联网项目的一个难点。同时,天使用户的推荐具有重要作用。

维护客户,就是设法让客户忠于企业的产品。早期的营销认为只要将产品或服务转移到客户手中并获取收益便可结束。现在,越来越多的企业认识到维护客户和增加客户的重要性。企业需要以各种方式维护原有客户,保证市场份额。在实体渠道中,可以进行电话回访和其他形式的客户调查，建立忠诚度，同时根据客户反馈改进产品；在网络渠道中，可以提供在线帮助，进行售后服务、客户反馈，并且通过反馈信息促进产品升级或提供产品定制服务等。例如，会员制就是维护客户的一种常用手段。

增加客户，是指向客户持续销售而增加销售数量。增加客户，最有效的方式之一是"口碑营销"，特别是借助互联网营销方式，让其得到了更广泛运用。这个过程中，不仅天使用户还有后来的大众客户，都可能帮助宣传推广，主要形式有客户推荐、追加销售、会员升级等。例如，日常看到的试用品、优惠券以及在具体销售中的特价品或赠品等，都是为了获取客户或者增加客户的手段。

第三个要点，销售过程。

初创企业没有现成的销售经验，可以制订一个销售过程来指导销售人员的行动，以便紧扣主要目标，集中主要精力，达成相关任务，从而提高行动效率。

3. 商业模式的检验与调整

商业模式是否具有合理性，是创业能否成功的基本条件。同时，分析检验商业模式也是规避创业风险、完善商业模式的必然途径。

商业模式检验的核心内容包括以下方面：市场规模（容量、成长性、占有率）、收入模式（价格差、会员制、使用量收费、广告收入、授权费、交易佣金）、成本构成（固定成本、可变成本、所需投资额度）、关键成功要素与核心竞争力。

商业模式检验的基本方法有两种：

（1）逻辑检验，即从理论分析的角度考虑商业模式的逻辑性，考察隐含的各种假设是否符合实际或在道理上说得通。如果商业模式的假设没有意义，企业运营中必备的参与各方（客户、供应商、分销商等）不会按假设行动，则该商业模式不能通过逻辑检验。

（2）数据检验，即对市场的规模和盈利率、消费者的行为和心理、竞争者的战略和行动进行分析和假设，从而估计出关于成本、收入、利润等量化数据，评估经济可行性。当测算得出的损益达不到要求时，该商业模式不能通过数据检验。

4. 产品迭代

精益创业中很重要的理念，不仅是以最小资源为成本来研发产品和尝试销售，还有一个更重要的理念就是"迭代"。迭代是计算机通过算法来解决问题的一种方法，这里借用这个概念，形象地说明通过重复的反馈活动，让产品更加接近客户的需求和企业的目标，如图6-6所示。

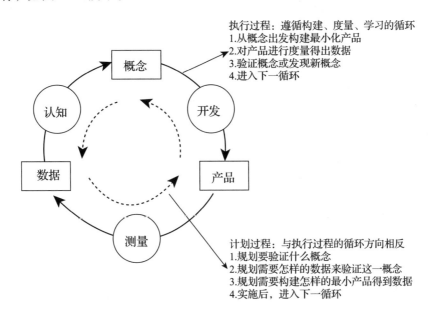

图6-6 "开发—测量—认知"循环

初创企业从最初的概念出发，通过识别客户的真实需求来开发一款产品，面向客户进行销售。销售的过程也是在不断地进行测量，通过客户反馈收集数据，对数据加以分析整理，以获得更多的认知。

（1）持续的产品测试。企业在面向天使用户进行销售时已经开始进行产品测试，而在正式销售时需要有更为正式的测试。这种测试包括定量数据和定性分析。虽然定性分析不具备统计学意义，但仍然属于"测量"，都是为了听取客户的反馈以验证最初的假设。

销售阶段为了测量是否进行迭代的测试，与试销阶段的测试在某些方面不同。测试的维度可以设计为以客户反馈的问题为主，看产品有多少让客户有所抱怨之处。另外，可以增加"市场"的维度，从几个市场相关的要素看客户的反馈，这样可以了解有多少是产品自身的问题，而又有多少是市场推广不足、客户缺乏了解的问题。可以设计产品测试调查表来填写，如表6-2所示。

表 6-2 产品测试调查表

	第一轮测试	第二轮测试	第三轮测试
总体功能设置			
缺少功能 1			
缺少功能 2			
……			
功能 1 和功能 2 的匹配			
功能 1 和功能 3 的匹配			
用户体验			
可靠性不足 1			
可用性不足 2			
……			
潜在需求			
期望增加 1			
期望增加 2			
市场推广			
缺少品牌宣传			
渠道不足			
缺少促销活动			
……			

  产品测试不是一次完成的,每次测试都会为产品带来宝贵的信息。结果可以用数值表示,也可以用百分比表示。例如,小米手机在进行客户调查时,不少客户认为需要增加功能 1(更便捷的解锁方式),认为这个全新的独立功能作用很大。于是,后来在研发设计时,企业进行技术创新,增加了指纹或者脸部识别方式。所以,测试中从不足的方面考察,更容易直接发现问题。有时候,客户还希望将不同功能进行组合,以实现协同工作,初创企业可以进行相应评估和分析。在用户体验中,如产品的质量,包括防摔、外壳的坚硬性等与可靠性相关,软件分类等与可用性相关。

  每次测试都会发现新问题和重复性问题,应对问题进行分析,然后将一些新问题进行优先级的排序。如果客户较多地提到同样问题,对这些问题必须予以重视,优先考虑其是否需要改进以及如何进行改进。例如,某个为大学生进行就业指导的互联网平台 O2O 项目,线上进行测评、预约、咨询等,线下进行重点辅导,提供求职招聘面试培训等。该项目曾对客户进行测试,得到的反馈有注册流程有些复杂、登录界面不够简洁等。如果这样的反馈占较大比例,那么应更加重视,进行优先安排。另外,如果客户不是以抱怨的态度来回答,而是给予了正面评价,可以用正负号来区分,对负分和正分进行综合。例如，对增加面试礼仪的辅导，有人认为不必要，而另外一些人却认为丰富了辅导体系。

测试到底需要几轮？这没有固定答案。如果在产品正式发布之前缺乏足够的验证，很可能面临缺少客户的情况；但如果已经比较充分地验证客户价值之后还做测试，则是一种过度和浪费。初创企业需要结合项目的实际情况来进行测试，从而达到较为有效而实用的平衡。

（2）坚持还是转向。任何企业都需要将努力聚焦在真正能产生价值和促进增长的业务、产品与服务上。初创企业在开发一种成功产品的过程中，特别是经过销售和测试后，总会面临一项挑战：到底是坚持，还是转向。前面提到的测试，不仅是为了认知，更是为了进行决策。所以，测试包括两个过程：①从测试的结果中获取数据和信息，形成新的认识；②根据新的认识对原先假设和相关产品或服务进行升级补充，或者进行修正。如果是修正，这时候又开始了新的"开发"，进入一个新循环。

初创企业最初会提出相关假设，但经过开发、实验、销售的几个阶段，很可能发现原来的假设是错误的。即便假设都正确，设计、创建和推广产品的过程也会非常辛苦。创业的过程就是不断调整和修正的过程。团队成员在各个阶段的任务开始前，需要学会停下来倾听客户的声音。在发现市场机会阶段，需要识别客户需求，提出相关假设，并寻找潜在客户进行调查；在产品开发阶段，将假设开发出原型，需要了解客户的反馈；在市场销售阶段，需要验证产品或服务在多大程度上满足客户需求。

经过不同阶段的测试，如果客户反馈一些问题，这非常正常，因为几乎没有完美的产品或服务，所以需要结合反馈数据和信息进行一些调整，增加一些功能，或者提高一些性能，或者更好地满足用户体验。增加功能包括产品或服务的外观、结构、特性和包装等的改进；提高性能包括质量、内涵的提升；更好地满足用户体验，包括使用的方便度、舒适度、满意度等的改善。那么，接着需要对产品或服务进行改进或者升级，这就是通常讲的"迭代"。改进后测试，测试后再改进，不断地进行更新，直到客户真正满意。但是，如果客户反馈并不理想或者不如预期那么好，企业必须重新审视自己的产品或服务，而且如果局部改进或者更新都不能获得客户的认可，那么可能需要考虑调整方向。与迭代相比较，转向意味着更重大的改变，而且是方向上的转变。这对创业团队来讲是痛苦的，因为过去的工作可能代表无效，要舍弃过去花费了大量精力设计和研发的产品或服务。但如果无效，早调整总比晚调整好，会向成功的方向早迈进一步。关键是创业的时机是有限的,创业所需的资源也是受限的,创业团队需要在有效的时机内,结合有限的资源再开始,而不产生更多的浪费。

当然,如果初创企业总在不停地转向,可能也会有问题。不是一遇到困难和挫折便想着转向,也不能总是突发奇想地想着所谓的新点子、新想法。所以,坚持或者转向,对于初创企业不仅是艰难的抉择,也是难以判断的一项工作。什么时候放弃原有假设或者计划?大概来看可以是一轮轮测试进行后,虽然产品或服务的功能和质量增加了,用户体验设计更加优异,市场宣传和推广都已经到位了,但客户仍然表现得很冷淡,那么可能最核心的那部分需求还是没有真正被识别。这时候可能需要回到最初的点来思考,尝试重新进行定位和假设,再进行测试和验证,接着进行重新设计和研发产品或服务。

Step2:案例分析

睿问——关注女性成长

1. 企业基本情况

上海睿问信息科技有限公司(简称睿问)是一家定位为国内女性提供学习和服务的互联网平台。它由邱玉梅女士联合王勇先生于2015年11月创立。

睿问的定位是专为1亿名职业女性打造学习成长平台,通过互联网平台,特别是手机App等移动平台,整合最优质的资源,实现知识付费的盈利模式。公司创建了"全球新经济她领袖联盟"这一全球精英职业女性社群,首批500位成员遍布全球,管理的企业年营收合计超过300亿美元。同时,公司汇聚了不同行业和职能的副总裁级别以上专家导师,挖掘女性发展和企业发展潜力,打造和传播女性影响力,为我国职场女性、女性创业者打造上升通道。在此基础上,构建"她经济"生态,已成为连接女性、职场与商业的最大平台,并向她们提供贯穿整个职场生涯的核心服务。

睿问自成立以来,已经成功发展了超过300名副总裁级别以上导师、300多家深度合作企业、300多个跨界合作伙伴、100多所高校资源、400多个线上社群,覆盖了超过1亿名用户和粉丝群体。2018年5月,获得优客工场和创合汇等机构在内的千万级别的融资;2019年3月,获新一轮2000万元融资,投资方为数名非常有影响力的女企业家。

2. 创业特色——市场定位

睿问在创业中逐步确立了自己的明确的市场细分,即职业女性。为女性服务的平台有很多,如美容、购物、儿童教育、健康、自身学习等,显然,这些需求随着年龄的不同而呈现侧重点的差异。按年龄分,中老年更关注美容与健康,青年更关注服装、职业成长,职业女性更关注交往和职场发展,育龄女性关注儿童教育,面对这些细分,就出现了多种平台,例如,"御时尚"平台就是一个专注于打造漂亮女人的平台。它致力打造优质女性,全方位解决女性消费者无法满足的个性化、品位化、体系化以及定制化等一系列问题,打破传统门店商品服务单一以及无法覆盖女性用户群等局限,从而满足个性化、品位化、社交化、体系化服务等多种需求。御时尚平台目前提供时尚衣橱、时尚定制、时装定制、高端养生四大服务项目,为用户完美解决一系列女性消费问题。

那么,具体针对职业女性的需要,还有哪些细分市场呢?职业女性还有学习和解决职场困惑的需求,于是,睿问就选择进入了这样的细分市场。我国职业女性超3亿人口,2019年我国"她经济"将达4.5万亿元规模,这是一个庞大的市场。睿问定位为职业女性的学习平台,以"中国职业女性学习成长第一平台"为广告诉求,关注的是独立女性的进阶成长。它通过精品课程和问答等形式,帮助用户迅速掌握学习知识,拓宽人生边界,解决女性在工作、生活、情感中的问题,让女性拥有更强大的"她力量"(She Power)!

创业四年来,睿问累计获得的职业女性市场优势包括:她领袖联盟社群(SPO)可输出优质讲师,一批黏性非常强的种子用户,基于超过100万名职场白领女性的深刻洞察,拥有打造千万收入爆款课程的研发团队等。睿问 She Power 作为最大的职场白领女性学习成长平台,牢牢占领了女性的心智。

3. 产品和服务

定位为职业女性学习的平台有了明确的目标人群,接下来就要相应地设计产品和服务内容。服务于职业女性学习的范围也较为庞大,睿问更进一步将焦点集中在职业能力提升、职业女性婚姻、交友、职业魅力展示等方面。目标人群主要是20~30岁的较年轻的那部分职业女性。

例如,睿问手机 App 的主要栏目是:听书、课程、睿问 VIP、赚钱、失眠电台,在课程栏目中又分为：职场、赚钱、变美、人物等板块。以职场课程为例，主要有：零背景开挂36计（又包括现代女性人脉学、自我人际价值定位等单元）、时间管理大作战、才能挖掘课、重塑超级大脑等主题鲜明的课程，每门课程有试听和付费购买链接。而睿问VIP则是通过会员制的方式使用，有企业会员、个人会员、年卡、季卡、月卡等会员选项，内容主要有针对职场的"大咖问答"等栏目。

睿问尽管主要是线上平台，但线下活动也开展得非常成功。例如，为了让她领袖们能够抓住知识付费的红利期，利用自己的知识和技能在平台上建立自己的品牌，睿问她力量（She Power）旗下的全球她领袖联盟（SPO）举办了一场以"如何利用音频节目打造个人品牌"为主题的私董会。专家们在现场分享了"各大课程平台有什么区别""打造音频节目的注意事项有哪些""如何发掘自己的技能""如何推广课程""如何将课程与个人品牌挂钩"等关于打造爆款音频课程的经验。

由睿问"她力量"（She Power）、王小慧艺术中心旗下的跨界学院、零点未来商习院联合推出中国第一个女性跨界合作与跨界发展平台"跨界学院-她领袖班"的课程。在第二单元课程邀请了哈佛中心（上海）董事总经理黄晶生、新博集团与好屋中国创始人汪妹玲、「上下」品牌创始人琼耳、欧洲著名亿万富翁研究员托马斯·迪渊教授、著名主持人蒋昌建作为导师，为学员们带来了精彩的观点碰撞，培养跨界思维、获得跨界能力。

睿问商业推广活动的口号是："商务疑问，找睿问！""睿问一下，遇见更棒的自己！"未来，公司仍将在坚守自己的市场细分中逐步扩大客户规模，坚持自己是"内容的供应商""最有针对性的知识平台"这样的定位，利用专业的产品运营团队、技术团队，通过用户画像、数据分析的方式精准服务于确定的用户群体；致力于通过整合最优质的资源，在积极环境下引导女性互助学习、分享经验，挖掘女性发展和企业发展潜力，打造和传播女性影响力。

Step3：练习与应用

马云曾经在一次论坛上讲过一句话："我们让四大国有银行很紧张，但是现在马化腾让我们很紧张。"一句话看似玩笑，但也说明一个事实，那便是市场竞争的激烈。这句话的背景是，当时阿里通过蚂蚁金服推出了"余额宝"的服务项目，互联网金融因此正式被推出和被大众认知，这会给原有的金融模式带来很大挑战。同时，微信的推出又给"支付宝"带来压力，特别是支付手段的市场争夺。

请你谈谈，微信的支付业务作为跟随型产品，如何一点点取得优势？

Step4：总结与反思

1. 理论的一句话总结

市场销售是检验产品或服务假设和解决方案的关键一步。分析客户的核心需求，明确产品或服务的竞争优势，向目标客户进行销售，实现客户价值和企业价值。

2. 推荐延伸阅读的文章和书籍

（1）康韦. 做企业就是做市场：一个市场总监的管理日志［M］. 北京：金城出版社，2018.

（2）李善友. 颠覆式创新——移动互联网时代生存法则［M］. 北京：机械工业出版社，2016.

第七章
创业项目的内生式可持续发展

创新创业实战教程

第一节 初创企业的管理

第二节 保持组织的持续创新

第三节 初创企业的内部创业

第一节 初创企业的管理

> **导 语**
>
> 　　一家初创企业、一个新兴品牌要能够生存下来，需要全面的系统支撑，而不仅仅是拥有梦想和好产品。
>
> ——《创业生存记：如何经营好一家初创企业》作者伯纳德·舒纳

▍Step1：基本理论

　　现在是时候考虑企业的管理问题了。对于刚起步的你来说，创业者的角色是不可以和管理者的角色截然分开的。面对有限的资金、精简的人员、待开拓的市场、需升级的产品，要设计一个初步的组织框架以及灵活可用的管理机制，以保证项目的运作有一定的规则可以遵守，保证合适的人在合适的岗位上把企业的各种设想落在实处，通过运营和营销把产品和服务卖出去，最后，时刻看到风险隐患，保持企业的可持续发展。

　　1. 设计组织架构

　　组织架构设计，就是通过对达成组织目标而必须完成的事务工作进行分析、分解，并设置相对独立而又相互依存的单位、部门和岗位，进而以此为基础界定这个组织中成员相互之间关系的性质，以及每个成员的地位和作用。

（1）管理层次。一般企业在管理层次上从上到下，有总经理、总监、部门经理、主管、职员五个层次。一般而言，管理幅度大，则管理层次少；管理幅度小，则管理层次多。在企业组织管理成熟度低的时候，一个人只能管理6~8个人，即管理幅度只有6~8个人。

（2）专门化。在创业的生存阶段，企业组织呈现出直线型组织架构的特点。其最大特点就是所有权和经营权合二为一，企业的创业者既是经营者，又是所有者，创业者本人直接对成本、质量、产品负责，授权和分权层级较少，决策集中，效率最高，成本可控，从而使得企业具有竞争能力。随着业务的不断发展，企业组织结构出现了专门化。

企业组织结构的专门化程度，是企业各职能工作分工的精细程度，具体表现为部门和职务（岗位）的多少。同样规模的企业，部门和岗位数量多，表明分工细致，专门化程度较高。各部门的横向分工，体现在分工的精细程度和分工所采取的方式。在企业中，常见的分工形式有职能制（按职能分工）、事业部制（按产品分工）以及混合制等。

（3）关键职能。关键职能是在组织结构中处于中心地位、具有较大职责和权限的部门。关键职能对企业实现目标和战略具有重要作用。不同的企业可能具有不同的关键职能，有的可能是质量管理，有的可能是技术开发、市场营销等。对于内生创业者而言，技术创新驱动的企业，其市场开拓和市场占有率的保持和提高，主要取决于企业能够开发技术更先进的换代产品和具有需求价值的新产品，因此，新技术、新产品开发就成为这类企业的关键职能；对于商业模式创新驱动的企业，需要把营销放在关键地位，形成以市场营销为中心的组织结构。这样有利于从市场需求角度出发，制订企业经营战略和经营计划。

（4）标准化。标准化是企业中员工以同种方式完成相似工作的程度。在企业中，各项管理业务、生产流程都要有标准的程序和方法，以保证相同的工作岗位，无论人员是否更换，工作程序和方法不变，包括企业中采用的书面文件，如程序、方法、要求等规章制度，以及各种书面文案，如计划、通知、备忘录等。

（5）职业化。职业化是企业员工为了掌握本职工作所需接受正规教育和职业培训的程度。一般而言，企业以员工的文化程度和所接受的专业课程学习作为职业化前期的衡量标准，之后再根据其所在岗位的特点和岗位要求，安排相关的职业培训课程。

2. 建立管理制度

管理制度包括企业的目标与战略、企业组织结构、职能部门划分及职责分工。初创企业在建立管理制度时，要根据企业成长规律制定管理战略框架，逐渐完善管理战略框架中的各项管理制度。

（1）管理制度建立的原则。

1）管理制度要与企业的发展阶段相适应。创业初期企业规模小，管理制度的设计应该遵循"少而精"的原则。

2）管理制度的建立要与企业所处的法律环境相适应。

3）管理制度要与企业文化形成互动。企业文化本质上是一种隐性内在契约，如果外显的企业规章制度能与内生的企业文化相适应，就能大大减少企业规章制度的运行成本和阻力。

（2）管理制度建立的误区。

1）管理制度没有结合企业实际。有些初创企业不顾自身的实际情况照搬成熟企业的管理制度，而内生创业本身就是一种创新的尝试，内生创业企业的制度反映了创业者的价值主张，如果单纯地模仿，就极易造成企业管理制度的"水土不服"，影响企业各项工作的正常开展。

2）管理制度缺乏公平性。一些企业的高层管理团队重视管理制度的建设，但在潜意识里往往认为规章制度只是针对普通员工，把自己凌驾于管理制度之上。这样在管理制度的执行中就容易存在随意性的风险，管理效力会大打折扣。

3）管理制度缺乏系统性。在一些企业中，企业规章制度只有实体制度，而没有保证制度实施的程序制度；在另一些企业中，企业规章制度缺乏细节设计，实质上只是一种管理制度原则。例如，仅仅在墙上张贴"不准迟到"的标语，却没有任何事中、事后的监督、检查和惩罚措施。这样的"制度"反而会损害企业规章制度的权威。

3. 整合人力资源

不要认为只要招聘到人才放在岗位上，人力资源就可以发挥其最大价值。实际上，人力资源的有效管理需要在以下几个方面开展工作：

（1）人力资源的获取。获取功能是人力资源管理的首要职能，也是实现其他功能的基础。人力资源管理部门要根据需要制订相应的人力需求计划，通过选择合适的渠道和方法开展招聘、选拔、录用和配置等工作，保证企业能够及时获取所需要的人才。初创企业首先要将岗位设置制度化、规范化，对人力资源配置进行谋篇布局。①根据节约高效的原则设计岗位分工，明确设置哪些岗位，分别设置多少人，赋予哪些责权等；②根据德才兼备的原则选任合适人才，选择能力和品德与岗位匹配的员工，才能在促进企业发展的同时，保证员工忠诚度，降低人才流失率。

（2）人力资源整合。招聘到的员工需要真正融入团队里才能发挥价值。需要帮助新员工尽快了解和接受企业的宗旨和价值观，与其他同事协作、取得群体认同。良好的团队精神使员工产生归属感，愿意把自己的命运和荣辱与团队的发展前途联系在一起，团队成员之间相互信任、帮助扶持、共同进步，有融洽的工作氛围和强烈的责任感，使员工对企业产生较高的忠诚度。

（3）员工考核。要设置适当的绩效考核起到对员工的激励和调控作用。值得注意的是，绩效考核不是体现领导威严或者针对个别人的手段，而是风向标：绩效考核对员工个人目标进行正确引导，使之与企业整体目标契合。对于绩效优秀的员工，通过薪酬、晋升等管理活动使员工安心工作，激活员工队伍的能动性和创造性。对于考核出现问题的员工不是一罚了之，而是要帮助其分析解决问题，帮助其提高工作效率，寻找到与员工需要和能力相匹配的发展路径，必要时对企业的人力资源进行再配置。

（4）员工发展。很少有人愿意终身从事一成不变的工作。为了保持员工积极工作的状态，帮助员工结合个人行为特点和期望建立良好的职业发展路径，企业要根据岗位的需求对员工进行培训与开发，达到员工个人与企业组织共同发展的目的。初创企业要建立全程性、全面性、全员性的培训体系。培训要注意针对性和及时性。针对性是指对员工欠缺的知识和能力进行培训，消除现实工作需要和员工知识能力存在差距的矛盾。及时性是指培训的内容能马上运用到工作中，让员工在"做"中进行消化和检验，让培训转化为现实生产力，以人力资源的发展带动初创企业突破发展瓶颈。

4. 有效的运营管理

企业运营管理在初创企业发展过程中的主要作用就是提升客户价值创造能力，延续企业的竞争优势。初创企业的运营管理主要涉及产品生产和服务项目的交付。在运营管理过程中，需要重点关注供应管理、项目管理和作业排序管理。

（1）供应管理。任何企业都是处在一个或者多个供应链当中的。在这个供应链当中，企业需要与供应商、制造商、仓储、物流和渠道商打交道，在企业成立时就要开始考虑供应链的设计。一个好的供应链设计方案应该根据需求来划分客户层次，按市场进行物流改造，以满足不同客户群的需求，根据市场动态保证资源最优配置，减少不必要的库存量。在环境因素上，供应链设计要考虑企业所在地区的运行环境，如所在地区的政治、文化、经济、传统习俗等因素，同时还要考虑未来环境变化对供应链实施的影响，因此要用发展变化的眼光来进行供应链的设计。

（2）项目管理。创业计划在早期主要是由一个个项目串联起来的，创业者既是总体的操盘手，也是具体项目的执行经理。以较低的费用、较短的时间完成高质量的项目是所有项目管理的目标。创业项目的质量管理是企业能否生存下去的根本。项目中的每一个分支和任务均需要制订质量标准，并作为未来企业规范化操作的蓝本。在费用方面，要注意合理组织项目的实施，控制各项费用支出，使整个项目的各项费用支出不超过项目的预算。要以项目预期的完成时间为目标，通过控制各项活动的进度，确保整个项目按期完成。

（3）作业排序管理。作业排序普遍存在于制造业和服务业中，即在确定了生产和采购计划后，如何具体地组织生产活动、安排作业顺序和及时反馈信息，对生产活动进行调整与控制，使各种资源得到合理利用，同时又能按期完成各项订单任务。简单地说，作业排序就是要解决"服务者"和"服务对象"之间的关系。这里的"服务者"包括机器、工序、员工等；"服务对象"则是指各项工作、客户等。根据行业的不同，作业排序可以分为制造业排序和服务业排序。制造业排序工作只是解决工件在生产过程中的加工次序问题；而服务行业中，由于有客户的参与以及产品的不可储存性，因此在排序工作中，主要解决如何安排服务能力以满足客户的需求。

5. 市场拓展与营销

赢得客户是永远摆在创业者眼前的问题。现在仅靠天使用户已经不足以支撑企业的运行，加上初创企业所面临的环境更为动荡不安，风险也远远超过成熟企业。在这种情况下，需要开拓市场，拓展现有的营销渠道，建立起适合企业的营销模式。

（1）市场拓展。企业的产品解决了客户主要的痛点问题。这意味着现在企业站在一个细分市场的门口，在关键的细分市场上开始市场拓展。因为细分市场上的需求不可能通过一个产品完全解决，因此在垂直领域可以深化企业的产品或服务提供的内容，增加功能项来吸引潜在客户。各相邻市场之间存在一定的内在联系，只要恰当地击中关键的第一个市场，这个产品就可能会在其他市场产生连锁反应。因此，初创企业不宜将市场战略铺陈太广，而要在充分占领市场之前深耕自己的细分领域，利用关键市场的巨大辐射力来影响周边广大的市场。

初创企业的创业者需要注意，不要放弃自己熟悉和能够胜任的领域来挑战别人的市场。当企业面临地域市场扩展的情况下：①在现有市场的统一地理区域内，采取区域内拓展的方式，在占领一个地区以后再向另一个新的地区拓展；②采用包围战略，即首先开发拓展比较容易的周边市场，逐步积蓄力量，并对重点市场形成包围趋势，等到时机成熟的时候，再夺取中心市场。

（2）营销管理。经典的市场营销理论一般把营销策略简化为4P模型，初创企业可以借鉴这个模型构建自己的营销体系。

1）产品（Product）。内生性创业者的产品是基于需求创新开发的产物，因此与传统4P模型当中产品模块注重产品的功能诉求放在第一位不同，其产品应该更加紧密地与用户特征相结合，根据客户群的特征及购买情况把市场划分为更小的群体，考虑客户群所处的区域特征、个性特征、职业特征、生活方式等内容，对企业的产品进行相应的调整。

2）价格（Price）。根据不同的市场定位、产品体系来制订不同的价格策略。定价并非是基于经验对产品的货币标签化处理，而是为了确定营销目标。营销目标是指初创企业对绩效的期望水平，要明确产品价值、市场份额、成本、销售额、利润之后才可以整体定价。

3）渠道（Place）。在销售渠道的选择过程中，初创企业要考虑销售的方式、负责销售的人员或者分销商。需要对渠道的铺设制订计划，包括量化指标，如下一年度的市场份额、拓展分销商数量、完成的销售额等，同时也要注意制订一些不可量化的目标，如从渠道商获得产品或服务反馈改进意见等。

4）宣传（Promotion）。宣传并不等于促销，它应当是包括品牌宣传（广告）、公关、促销等一系列的营销行为。要考虑通过何种方式发布产品信息，激发客户的购买兴趣和购买意愿。创业者要对每个可选媒体进行认真评价，不仅要考虑成本，还要考虑这些媒体能否达到营销计划中确定的市场目标。

Step2：案例分析

ofo 在企业管理中遇到的挑战

1. 企业基本情况

ofo（北京拜克洛克科技有限公司，以下简称 ofo）由戴威及其联合创始人薛鼎、张巳丁、于信、杨品杰五人于 2014 年创立。ofo 小黄车缔造了"无桩单车共享"模式，致力于解决城市出行问题。用户只需在微信公众号或 App 扫一扫车上的二维码或者直接输入对应车牌号，即可获得解锁密码，解锁骑行，随取随用，随时随地。

随着移动互联网和线下实体产业的融合越来越普及，戴威等熟悉自行车出行的创始人团队开始在校园里面探索自行车创业模式。他们陆续尝试了围绕自行车旅游、健身、销售的模式，但是都没有实质性突破。到 2015 年，公司迫于生存压力转型做自行车出租，这一转型反而探索出了共享单车的商业模式。公司最开始在校园里面小规模实验共享单车的模式。虽然当时用户使用一次单车的价格只有约 5 毛，但由于成本可控，经过测算，一辆单车只要两个月内每天被使用 30～50 次就可以收回成本。

2015 年年初，公司开始把共享单车业务从北京高校迅速向全国范围的高校推广。在 2016 年年初，公司又开始把业务从全国的高校拓展到各大城市。在这个过程中，公司为了加快推广速度进行了 A 轮融资，在资本力量的助推下 ofo 的业务很快就遍及我国各大城市。从 2017 年开始，公司又把业务从国内推广到国外，ofo 进入了全球化阶段。

据 ofo 网站发布数据，自 2015 年 6 月启动以来，ofo 曾在全球连接了超过 1000 万辆共享单车，日订单超 3200 万份，为全球 20 个国家 250 座城市的 2 亿名用户提供了超 40 亿次出行服务，共计减少碳排放量超过 216 万 t，相当于为社会节约了 61515 万 L 汽油、减少了 103.5 万 tPM2.5 排放。ofo 也成为全球领先的共享单车平台。

2018 年 10 月 27 日，有媒体披露称 ofo 小黄车退押金周期再度延长，由原来的 1～10 个工作日延长至 1～15 个工作日。据新浪科技消息，2018 年 10 月至 11 月，ofo 被北京市第一中级人民法院、北京市海淀区人民法院等多个法院列入多个案件的被执行人名单中,涉及执行标的超 5360 万元。2019 年 2 月 23 日,法院冻结了 ofo 的银行存款。

2. 公司经营管理的问题

ofo 小黄车的创业经验及其启示:共享经济没问题,产品和服务引领了风潮,资源不可谓不丰厚,团队不可谓不精英,为什么最终项目失败了呢?

ofo 发展到今天,其管理结构经过了数次调整。据早期内部人士回忆,2014 年公司成立之初单车业务处于推广阶段。为了推广全国各个高校的业务,公司采用合伙人划片区负责的业务模式,而公司总裁坐镇北京统管全国业务,负责融资、战略和人才管理、招募的工作。这种以推广为核心的管理结构一直持续到 2016 年 10 月。2016 年 10 月之后,公司战略经过了重大调整,创始团队决定让 ofo 小黄车走出校园、进军城市。ofo 小黄车业务在城市复杂的环境中面临着巨大的运营挑战,同时公司的员工也由最初的 10 人增加到 2018 年的 3000 人,庞大的员工队伍给创始团队带来了不小的管理压力。因此,公司决定引入职业经理人,让专业的职业经理人负责各个业务部门,如后台的人力资源、财务、法务,中台的供应链,前台的运营、市场营销等。

在这一过程中,管理团队在经营中的问题逐渐暴露出来:

(1) 没有成本意识,资金没有花在刀刃上。前期公司通过融资短期获得了几十亿美元的巨额资金,而管理层的成本节俭意识没有跟上。当时为了更好地吸引人才,公司在办公条件的改善上投入了较多的资金,如研发的笔记本电脑都要配备苹果电脑,办公室装饰也参考硅谷大公司的风格。

(2) 没有设立良好的人才培育制度。公司业务发展太快,为了适应业务量的扩展,招聘速度极为迅猛,新员工到岗没有经过相应的培训就要着手具体工作,对公司使命、愿景和价值观了解不足,再加上每个人都来自不同的公司,有着不同的背景和文化,所以大家在思想层面上并不统一。

(3) 共享单车在城市运营资产保全方面尚未探索出合理模式,已有精细化运营措施不能解决流失和损坏的问题。ofo 的商业模式天然对资产损失非常敏感,但是,ofo 小黄车在城市中存在大量丢失现象。单车的丢失不仅直接造成了资产损失,还降低了用户的数量,而破损的单车得不到及时的修复还会直接损害用户骑行体验,进一步造成用户流失。同时,ofo 的造车成本很高。所以,没有做到资产的精细化运营与保护,使得公司受到了多重伤害。

(4) 公司对盈利能力重视不足。由于公司前中期账面资金非常充裕，以至于创始人团队对于资金短缺的敏感性不够。公司发展的中期也没有着重培养商业变现能力，使得公司的现金流严重依赖风险投资。自我"造血"能力不足，加上后期商业化变现探索未成功，导致公司出现现金流紧张，面临巨大的生存挑战。这在根本上暴露了创业团队缺乏科学的经营管理意识和方法的缺陷。

2018年，ofo为了应对财务危机采取了三方面的举措，但收效均不理想。①收缩业务规模，ofo启动了包括国内和国外的裁员计划，并在裁员过程中遇到较大的阻力。裁员计划比预期拖延了6个月的时间，为此公司比预想多支付了不菲的人力成本，加剧了财务危机。②尝试做多元化的商业尝试，提高变现能力，包括金融、广告和其他商业变现的尝试，但均未成功，B2B广告业务虽有起色，但发展的时间太短，不够成熟。③在单车采购端做了供应链金融，以此解决造车时占用现金流过多的问题。但恰逢2018年我国经济的大环境不甚理想，金融尝试效果不彰。在内忧外患之下，公司的经营状况开始恶化。2019年4月，ofo发布公告称破产传闻等相关消息严重不实，目前运营一切正常，有关债务也在诉讼或者协商当中。

3. 对ofo发展的回顾

ofo的一些内部人士此前一直认为，ofo的早期模式本身是没有问题的。

首先，ofo的成绩是有目共睹的。作为全球共享单车的领骑者，自2015年6月启动以来，ofo在全球21个国家超过250座城市提供服务，已在全球连接了超过1000万辆共享单车，日订单超3200万份。ofo大数据平台——奇点平台数据处理历史高峰处理数据近2000万条/s，每日产生40TB的数据。ofo引领的共享单车也被国外青年和央视评为中国的"新四大发明"之一。ofo累计融资数十亿美元。以上种种辉煌的成绩证明，ofo曾经确实开创了一种新颖的共享模式。

其次，ofo的商业模式可以廉价获得用户流量。互联网产品获取用户形成流量是非常重要的。而当时整个互联网行业的线上获客成本已经非常高了。例如，互联网金融行业获取一个用户的成本大概要上千元；电子商务行业获取一个用户需要200~300元。但是，ofo通过用户对大量单车的高频使用，可以快速地获取千万级的流量，所以ofo的获客成本是非常低的。这证明共享单车的模式是有价值的。

最后，ofo的业务逻辑并不复杂，共享单车的模式被市场证明是可行的。ofo内部人士解释说："这模式本身并不新奇，太阳底下没有新鲜事，人们都认为ofo其实是很常见的，就是一个租车的生意，只不过团队想把它变成规模化的、通过智能锁加手机能做的一个生意。"因为共享单车的需求还在，所以 ofo 还是有生命力的。ofo 的核心业务逻辑是通过为用户提供高质量的产品和服务，使产品和用户之间产生高频互动，在此基础上，ofo 通过广告和租金来创收。这是 ofo 可行的商业模式。

但由于前期管理上的问题，对 ofo 而言，市场留给他们的时间已经非常有限了。早期内部人士认为，如果当时的时间充足，足够让他们探索出多元化的商业变现手段的话，ofo 就可以很好地生存下去。

Step3：练习与应用

试着做职位分析。

职位分析是人力资源管理的核心概念之一，它明确职位的运作方式及从业人员的资格。在此基础上进行职位设计并编写职位说明书。重点在于所设计的职位既要使企业组织完成其目标，又要使员工在工作中有最高的满意度。具体来讲，就是全面收集某一工作的具体信息以及完成工作所应具备的资格和条件的过程。当初创企业处于商品开发和投入期时，其组织架构、规章制度、人力资源规划、岗位设计都处于不成熟阶段，进行职位分析就显得尤为重要。

职位说明书是职位分析的结果，是描述某一职位的职位性质、责权关系、任职资格等的书面文件。创业者要通过职位说明书的描述确定员工在企业中起到的作用，包括职位名称、工作部门、工作地点、职位目标、工作任务、职位权限、任职条件、业绩要求等，如表 7-1 所示。

表 7-1 职位说明书

某公司培训专员
职位名称：培训专员　　　**所属部门**：人力资源部　　　**工作地点**：北京
职位目标：协助人力资源培训规划，辅助各部门业务培训和进修培训，提升员工工作技能和素质，增进员工对企业的满意度和忠诚度。
工作内容： 1. 对新进员工进行入职培训，使其了解企业情况，尽快融入工作。 2. 对在职员工进行岗位业务技能培训和团队拓展训练。

（续）

> 3. 协助其他部门的培训工作，定期了解培训需求，明确培训目的，制订培训计划。
> 4. 听取员工反馈意见，组织员工活动，协助公司制定有效的管理方案，增强员工的凝聚力和向心力。
> 5. 及时完成领导交办的其他工作。
>
> **工作权限：**
> 1. 选择推荐培训机构，聘请培训讲师，统计培训费金额。
> 2. 不具备财务权。
> 3. 不具备人事权。
>
> **任职条件：**（描述从事该职位的员工所应具备的教育、经验、培训等条件）
> 1. 大学本科学历，具有人力资源管理或行政管理专业的学习背景。
> 2. 掌握人力资源管理的相关知识，熟悉劳动法和培训流程。
> 3. 英语四级以上。
> 4. 具有计算机等级考试资格证书，能熟练使用办公软件。
> 5. 具有团队精神、亲和力和一定的组织协调能力。
> 6. 能适应工作加班和出差。

请根据以上职位说明书，为你的企业当中"销售专员"这一职位撰写一份职位说明书。注意，结合本节"市场拓展与营销"的相关内容进行思考。

职位说明书

_____公司销售专员		
职位名称：销售专员	所属部门：	工作地点：
职位目标：		
工作内容：		
工作权限：		
任职条件：		

延伸练习：你可以根据项目性质制定几个关键岗位，在团队充分讨论的基础上撰写几份职位说明书，看大家对同一岗位，尤其是岗位工作内容的理解有无重大偏差，假如有的，讨论为什么出现偏差。

Step4：总结与反思

1. 理论的一句话总结

初创企业的创始人既是经营者，又是所有者，创业者本人直接对成本、质量、产品负责。管理制度建立需要与企业规模、所处环境、企业内在价值观相匹配。人力资源管理并非只是制订招聘计划，而是包括招聘、整合、考核、发展在内的全过程。市场的销售计划包括产品、价格、渠道、宣传4个要素，可以将其描述为4P模型。

2. 推荐延伸阅读的文章和书籍

（1）爱迪思. 企业生命周期［M］. 王玥，译. 北京：中国人民大学出版社，2017.

（2）科特勒，阿姆斯特朗. 市场营销：原理与实践［M］. 楼尊，译. 16版. 北京：中国人民大学出版社，2015.

（3）葛海燕，等. 大学生创业教育与指导［M］. 北京：清华大学出版社，2013.

第二节
保持组织的持续创新

> **导 语**
>
> 　　企业创立不易，能够做到持续发展更不易。大部分初创企业之所以相继失败，并不一定在于创业者失去了热情，或者管理不善，更主要的原因是不重视持续创新，也没有持续创新的能力。持续创新才是初创企业生存和发展的关键。

▌Step1：基本理论

1. 持续创新远比一次性创新更重要

人们之所以重视创新的持续性，是因为在过剩经济时代、资本充盈时代，不管是高科技产品还是低科技产品，都会变得过剩而且薄利，甚至亏本。因此，要有高收益，除非技术独占、技术封锁、技术密集、长期研究，否则都难以持续。即只有持续的创新产品和技术才能长久。因此，科研、人才才是核心竞争力，科学家加经营家的企业才长久。

持续创新是内生创业的本质特征。初创企业要做到持续创新，就需要有以创新为核心的战略引导和监控。企业找到创新的主要方向后，就需要确定创新的规模、需要投入的资源以及持续规划。创新的规模越大，它需要的资源和带来的风险就越大，企业应该找到适合自己的创新规模，在创新数量和创新能力之间取得合理的平衡，这样才能提高创新的成功率。

企业在创新中，选择创新模式或创新战略一般是在低层次创新和高层次创新两个极端之间选择，也常常在两个极端之间摇摆。低层次的创新常用的概念有：集成创新、引进技术再创新、渐进创新、核心创新、延伸创新、连续创新等。高层次创新常用的概念有：原始创新、变革创新、结构性创新、根本性创新、突破性创新、颠覆式创新等。进而创新战略也可以按照创新类型的选择分为：产品持续创新战略、工艺持续创新战略、市场持续创新战略、管理持续创新战略等。

渐进创新所涉及的变化是建立在现有技术、生产能力之上的变化和用于现在市场与客户的变化。这些变化的效果是加固了现有技能和资源。与其他类型的创新相比，渐进创新主要受经济因素所驱动。渐进创新对产品成本、可靠性和其他性能都有显著的影响。虽然单个看每个创新所带来的变化都很小，但它们的累积效果常超过初始创新。1908—1926 年，福特汽车的价格从 1200 美元降到 290 美元，而劳动生产率和资本生产率都得到了显著的提高。成本的降低是无数次工艺改进的结果，究竟有多少次，连福特本人也数不清楚。

核心创新，即改变现状。通过改进现有的产品，公司可以为客户提供更好的质量、性能和体验。此类创新只需要 2~3 种创新类型。这种创新带来的优势不会持续太久，因为竞争对手会有针对性地快速模仿和应对。这就是为什么市场新进入者很少通过核心创新获得成功，因为它们无法创造出足够的差异化，并且会很快遭到现有竞争者的反击。如果已经是所在行业的领导者，那么核心创新对其来说是最有效的。

核心创新再向前走一步，即逐渐摆脱渐进创新，就有了延伸创新。延伸创新即改变边界，也称结构性创新。当为客户提供全新的综合解决方案时，公司常常需要对现有产品进行重构，以求与竞争者的产品形成对比。这种程度的创新常常会给市场带来新的客户，并改变市场参与者对产品的预期。延伸创新比核心创新更需胆识，它往往需要加入 3~4 种创新类型。成功进行延伸创新的企业通常会改变它们的工作方式，改变现有的能力或者开发全新产品或服务的能力。自然地，这使得延伸创新比核心创新更具风险，但也让创新更难以效仿。此类创新能够产生长达数年的竞争优势，并让竞争对手陷入被动反应的境地中。

延伸创新即结构性创新,它介于渐进创新和根本性创新之间。例如,使用新的技术概念形成新市场连接方式是结构性创新的实质,而使用现有技术打开新市场机会则是"空缺创造式"创新的核心。但后者对生产和技术系统作用的结果是保护和强化了现有设计。

例如,索尼公司的"随身听"就是空缺创造式创新的一个例子。它把轻便式耳机与便携式收音机或录音机结合起来,使用现有技术在个人音响产品市场中创造了一个新的空缺市场。这类创新对稳定、细腻的技术进行细化、改进或改变,使之支撑新市场向纵深发展。

变革创新也称颠覆式创新、根本性创新,即改变游戏规则,是指企业首次向市场引入的、能对经济产生重大影响的创新产品或技术。根本性产品创新包括全新的产品或采用与原产品技术根本不同技术的产品,如计算机和晶体管收音机等。根本性工艺创新是指以全新的方式生产产品和提供服务,如浮法玻璃工艺和半导体的平面晶体生产工艺等。

在极为罕见的情况下,企业也许可以选择挑战并颠覆一切。这种创新将从根本上改变整个行业的结构。这种创新要有不少于 5 种创新类型,全新的业务(而不仅是产品或服务)将会诞生。此类创新常常会颠覆现有的市场准则,让市场先行者的优势化为乌有。在当今瞬息万变的商业环境中,每个企业都应该为此类创新做好准备。变革创新是最冒险的一种创新形式,它需要深入思考和极大的决心,往往也能产生最高的回报。

2. 持续创新的关键是综合创新

还要认识到,创新不单指技术创新,还包括产品创新和客户体验创新,即不仅将已有技术在新的领域进行应用,还要创造全新的客户体验。苹果手机问世时,80% 左右的技术并非新技术,有的技术甚至已存在 10 年以上。但苹果将这些技术在新的领域合理加以整合应用,形成了独特的产品和体验营销,由此实现旧技术的"华丽转身"。这种把已有技术、工艺或原料应用到新载体上,形成新产品,就是产品创新。同理,曾经风靡的传呼机技术,其原本依托的载体传呼机虽然不复存在,其技术却转换了载体,应用在今天银行的支付系统上。

从某种程度上说,世界上并没有发明,有的只是创新。发明之所以伟大,是因为它率先进行了综合创新。只有找到客户的真实、潜在需求，进行针对性的改变，才是真正的创新。

浏览任何一家大型超市的货架，会发现大部分公司的创新战略不外乎产品变形和产品线延伸："如果我们加一些粉红色的夏威夷海盐，薯片就能卖得更好。""如果我们在洗衣粉中添加薰衣草的香味，它会更受消费者青睐。"此类"创新"的泛滥，是由于公司不需要对生产流程进行任何改变，何乐而不为？

问题是，作为创新战略，单纯的产品创新几乎没有用处。如今，几乎所有产品类别都处于激烈的竞争之中，供应商只有在一种情况下才会成功：能向所有的市场参与者提供具有独特功能的产品或解决方案，而非只向一家公司销售。换言之，任何新产品的任何独特优势都会被快速吞噬。

现在，不管处于传统行业还是高科技行业，几乎任何产品设计都可以在极短的时间内被破解。一个新产品上市后，很快就会出现仿制品。反观历史中那些成功的创新案例，不难发现，伟大产品的背后还隐藏着其他绝妙的创意。例如，福特 T 型汽车的成功离不开福特开创的 8 小时工作制和高薪资，美国中产阶级收入的快速提高培育了广大的潜在用户群体。iPhone 和 iPod 的背后是强大的 iTunes 生态系统。而星巴克从一开始就没想成为一家咖啡连锁店，而是为消费者提供家和办公室之外的"第三空间"。

可见，组合多种创新类型可以帮助公司拥有更好的财务回报。虽然不能把这些公司的绩效全部归功于创新，但创新有助于提升一家公司的机制，包括投资者对它未来的预期。

3. 持续创新的三种模式

在产品创新的同时，还要考虑超越产品创新，这就需要实行三大创新转变。在判断是否实行创新转变，即应该采用哪些创新类型时，你需要问自己两个简单的问题：

第一，你所在行业的创新驱动力是什么？在大多数行业中，创新驱动力聚焦在各种产品上。无论你和你的竞争者正在做什么，请先反思一下："我们能做哪些与众不同的？"如果别人把创新聚焦于产品和服务上，你是否可以在盈利模式上另辟蹊径？

第二，哪些创新类型是关键？设想一下，如果你去掉其中任何一项创新，你的生意会垮掉吗？Zipcar 是美国的一家分时租赁互联网汽车共享平台，由罗宾·蔡斯

（Robin Chase）与安特耶·丹尼尔斯（Antje Danielson）于 2000 年共同创办。Zipcar 主要以"汽车共享"为理念，其汽车停放在居民集中地区，会员可以通过网站、电话和应用软件搜寻需要的车辆，选择就近预约取车和还车，车辆的开启和锁停完全通过一张会员卡完成。公司现在有 7 种创新模式在发挥作用，但如果去除了"车辆快捷管理流程"和"按量计费模式"，它只不过是一个老式租车公司。因此，Zipcar 的关键是经营模式的转变。

认真思考以上两个问题后，接下来是确定创新转型的主要方向。主要有以下三种模式：

（1）转变商业模式的持续创新。这种创新首先专注于配置资产、能力和价值链上的其他要素，以求以差异化的方式服务客户并获得利润。即使是主要销售硬件设备的企业，如通用电气和江森自控也发现，按量付费的设备租用模式能产生真正的价值。

商业模式转变首先从框架的左边开始（包括盈利模式、网络、结构和流程创新），然后不断向右移动，添加需要为商业模式增效的补充项目。

创新的商业模式能在任何情况下取得成功，在以下领域的效果尤为突出：汽车业等资本密集型产业和医疗保健、航天航空等高度管制产业。

（2）转变平台的持续创新。企业经常以它的产品为中心，并不断为其增加特性或功能，却很少有其他措施。平台驱动的创新关注对能力、产品和服务的重新使用、重新组合或发现新的关系，为客户提供全新的价值。开发这种全新的平台模式，首先要从框架的中间开始（包括流程、产品表现、产品系统以及服务创新），整合这几类创新以创建一个坚实的基础，然后不断往框架的两端延伸，添加其他种类的创新以帮助平台发挥作用。

卓越的平台能帮助客户化繁为简，当你通过连接不同群体、能力和产品发现新的机遇，帮助客户解决挑战时，这种平台创新是最富有成效的。当你发现客户很难将产品或服务整合在一起，并需要减少工作的复杂性时，你需要考虑是否该建立一个新的平台。

（3）转变客户体验的持续创新。这种创新首先是以独特的方式连接、服务和吸引客户，改变他们与企业和产品的互动。这种转变要先从框架的右边开始（包括渠道、品牌以及客户交互），然后不断往左边移动，添加新的创新种类使客户体验发挥作用。

当某个品类竞争过于激烈、陈腐守旧或过于复杂，提供卓越客户体验就是不可或缺的。客户体验在面对高度互联的客户群时特别重要，因为任何关于客户体验的好坏消息都能像野火一样迅速传播开来。客户体验创新适用于任何行业，即便是在守旧的 B2B 领域。

4. 持续创新需要综合而全面的创新

如果从大量案例中寻找成功创新案例之间的相似之处和规律，或许可以找到创新的"元素周期表"。类似化学元素周期表，创新也有基本元素，各类创新都是这些基本元素的"化合物"，这些化合物就构成了综合创新。

成功的创新都是由三个大类里的 10 种创新基本类型综合或组合而成的。产品创新主要涉及产品平台，包括产品表现和产品系统方面的创新；运营创新主要涉及企业自身运营创新，包含盈利（商业）模式、网络（联合他人来创造价值）、结构（组织并配置人才和资产）和流程方面的创新；体验创新主要涉及客户体验（服务），包括服务、渠道、品牌和客户交互方面的创新。综合起来，任何形式的组合都可以形成创新。具体展开如下：

（1）产品表现（如何开发具有显著特征和功能的产品）。产品表现创新是指革新企业提供的产品或服务的价值、特征和质量。此类创新会产生全新的产品，或大大延伸现有的产品线。人们常常错误地认为产品表现创新就是创新的全部，但实际上它只是 10 类创新中的一种类型，也是最容易被竞争对手复制的创新类型。

（2）产品系统（如何创造互补产品和服务）。产品系统创新在于如何将单独的产品和服务连接或组合起来，从而形成强大且可扩展的系统。它通过互通性、模块化、整合和其他创造价值的方式，将原本明显不同的产品和服务联合在一起。产品系统创新能帮助建立起黏住客户并能抵御竞争的生态系统。非营利组织 Mozilla 因其开发的火狐浏览器而广为人知。火狐是一款开源软件，允许独立开发者制作上百种独立插件程序。火狐在全球的用户数已经超过 4.5 亿人。

（3）盈利模式（如何赚钱）。盈利模式创新是找到一种全新的方法，将企业的产品、服务和其他价值来源转化为利润。好的盈利模式必须以对用户或消费者的深层理解为基础。

这种类型的典型代表是吉列剃须刀。公司用极低的价格出售剃须刀，吸引大批用户后，用价格不菲的替换刀片赚取利润。这种开创性的盈利模式极为成功，后来深刻地影响了无数的行业和产品，如打印机和墨盒、咖啡机和胶囊，直到如今的手机和移动 App。

（4）网络（如何联合他人创造价值）。网络创新为企业提供了一种利用其他企业的流程、技术、产品、渠道和品牌的方式，让企业在发挥自身优势的同时，能借助其他企业的能力和资产。网络创新的模式多种多样，可以是与同盟者的联盟，也可以是与强大竞争对手的合作。

特许经营和众包也属于这类创新。例如，UPS 和东芝达成协议，UPS 旗下物流部门的技术人员在包裹服务的航运枢纽站，帮助客户维修东芝的笔记本电脑。这种互补合作节省了东芝的服务时间，同时为 UPS 带来了新的收入来源。

（5）结构（如何组织并匹配人才和资产）。结构创新是以特有的方式组织企业资产来创造价值。它或是优秀人才管理系统，或是对资本、设备的独创配置，也可以是改善企业的固定成本和部门职能，包括对人力部门、研发部门和 IT 部门的改善。理想情况下，这些创新可以带来富有生产力的环境，或实现超越竞争对手的效率，为企业吸引人才等。美国的全食食品公司（Whole Foods）以彻底的分权管理方式而闻名。公司的每家分店都由分店的员工团队来自主管理。在公司的利润表上，每家门店自主经营、自负盈亏，每个团队都有非常清晰的绩效指标。

（6）流程（如何采用独特或卓越的方法运营企业）。流程创新需要不同于常规的巨大变革，能使企业利用独特的能力，发挥高效的职能，迅速适应，创造领先市场的利润水平。流程创新往往能够形成企业的核心竞争力，可能包含一些专利性和专利性方法，让企业在几年甚至几十年内产生巨大优势。丰田的精益制造系统即是典型代表，Zara 也是流程创新的翘楚。Zara 大大拉近了设计师与各地市场间的距离，缩短了新品上市时间。Zara 有效地整合了设计、生产、物流和分销系统，让库存周转最大化，使设计师有能力对时尚趋势的变化做出快速反应。

（7）服务（如何支撑和提升产品的价值）。服务创新能够确保并提升产品的效用、性能和表现价值。服务创新让产品的使用更加便捷。它展示出客户可能忽视的产品特点和功能，解决客户在使用过程中遇到的问题。卓越的服务创新能为平淡无奇的产品带来引人入胜的客户体验，从而带来更多的回头客。在 2009 年的金融危机中，现代汽车启动了一项"保险"项目，购买或租用新型现代汽车的客户在购车一年内遭遇失业的情况下，可以把车退还给公司，而不用承担还款责任。此举大大提高了客户对现代汽车的好感，让现代汽车的业绩在金融危机中逆势上涨。

（8）渠道（如何将产品和服务提供给客户）。渠道创新涉及企业将产品和服务提供给客户的所有方式。此类创新的目标是确保客户能够在任何期望的时间，以任何想要的方式买到自己的所需，同时享受最大程度的便利、最低廉的成本和最大的愉悦。亚马逊Kindle上的"网络点播"是客户可以通过内部无线网络免费试用的服务。客户可以购买和下载电子书，用不到60s时间就可以开始阅读。

（9）品牌（如何展示产品和业务）。品牌创新有助于确保客户识别，记得并青睐企业的产品和服务，而非竞争对手或替代产品。英特尔的"Intel Inside"品牌大幅提升了处理器的识别度，而带这个标记的产品增加了客户感知的价值。

（10）客户交互（如何培育吸引人的互动）。客户交互创新在于如何了解客户深层次的需求，并利用这些深刻的见解发展客户与企业之间的关系。例如，Foursquare经常利用基于地理位置的服务，在特定地点"签到"的客户将被授予"市长勋章"。为了确保地位和认可，客户激烈竞争，众多商家也竞相争取客户的光顾。

在确定了适合自己企业和所处环境创新的方向和等级后，就可以开始你的创新之旅了。德布林公司通过对历史中那些伟大的创新进行分析，为每一种创新类型提供了几个具体的方案，构成了创新工具箱，如表7-2所示。进行综合创新时，可以从工具箱中的每一类选出一种具体创新方式，组合一起便产生了一种综合的创新方案，从而实现持续创新。

表7-2 创新工具箱

产品表现	产品系统	盈利模式	网络	结构	流程	服务	渠道	品牌	客户交互
定制	补充产品	免费增值	开放式创新	企业大学	柔性制造	增值	交叉销售	认证	自治和赋权
交互功能	扩展和插件	计量收费	供应量整合	分权管理	精益生产	全面客户体验管理	体验中心	合作品牌	社区
环境保护	产品捆绑	订阅模式	特许经营	IT整合	按需生产	购买前试用	旗舰店	价值统一	客户培训
特许集成	服务平台	微交易	二级市场	资产标准化	用户共创	个性化服务	直销	品牌扩展	体验个性化
时尚	模块化系统	捆绑定价	企业联盟	外部	众包	自助服务	间接分销	品牌杠杆	客户分级和相应特权

Step2：案例分析

知呱呱如何保持企业持续创新

1. 企业基本情况

知呱呱是一家专业提供知识产权服务和运营的电商平台，由具有多年知识产权从业经验的互联网人士共同创办，致力于为用户提供专利申请、商标注册、版权登记、专利评价、专利孵化、专利交易等一站式知识产权服务。创始人严长春拥有13年科技服务从业经验，汇聚了一批机械领域、生物医药领域、化学领域、电学领域、计算机领域、无机材料领域等多个行业领域的专利代理人，本着"专业的人做专业的事"原则，通过对每一个案件的技术领域和难易程度进行分析评估，最终确定合适的专业人士提供具体专业领域案件服务，为企业提供从知识产权布局、挖掘、保护到商业化等全过程服务和系统解决方案，帮助企业从品牌、技术、内容等方面进行全方位的知识产权保护，使企业完全专注于科研创新，不再受任何知识产权问题的困扰。

2. 早期业务模式

知呱呱公司的早期创业非常艰难。公司创立之初就在做科技成果转化的业务，后来发现科技成果转化是科技行业价值链的末端。严长春想要做科技行业的前端，也就是知识产权的确权、用权和维权，而围绕知识产权的业务是科技成果商业应用领域的基础。严长春认为，国家当前知识产权发展的情况，与之前相比已经有了一个非常大的进步。首先从知识产权的申报的数量上来做评判，包括专利权、商标权等，已经连续多年在全球排第一。其次，从立法角度，与之前相比我国知识产权受保护的环境已经有了较大的改善，各项法律法规的建立健全，都对我国知识产权的保护有直接的提振作用。从司法角度来说，最高人民法院也专门成立了知识产权法庭，各个地方又成立了19家地方知识产权法院，这样对知识产权的一切纠纷、侵权、诉讼营造了一种良好的解决机制。随着司法体制的建立健全，信用体系也在逐步完善，知识产权恶意侵权者将被列入失信人名单，对之后失信人员的升职升迁、贷款全挂钩，惩罚措施也有较大力度的加强。有了法律法规的健全，会倒逼全民产生知识产权保护的意识，未来会进一步加强知识产权的保护。知识产权保护将会是未来企业的一种基础设施和遵守的规范，在这样的发展环境下，我国的知识产权运用一定会更加规范和活跃。基于这样的战略判断，公司开始做与知识产权有关的业务。当时知呱呱主要是靠帮助企业申请专利，收取服务费以盈利。

在 2015 年公司刚刚上马知识产权业务的时候，只有三四个公司成员在狭小的办公室里面办公。那个时候公司的行业资源非常缺乏，资金也非常短缺。每一次为员工发工资、每一次的公司升级都会使得资金方面捉襟见肘。那个时候公司并没有积累很多的客户，在市场中所占的份额也不高，为公司融资非常困难。但是，在未来的几年中，创始团队在写字楼挨家挨户地推广自己的业务，介绍行业的前景及未来，慢慢地融到了资金。创始团队用融到的资金低成本地做品牌推广，使用当时最前沿的线上线下结合的方式进行市场推广。到了后期，公司的品牌在行业内的认知度提高了，行业有关人员也慢慢地认可了公司。再后来，有很多投资人主动联系公司。在创始团队不懈的拼搏中，公司逐步发展壮大。

3. 产品与业务模式创新

随着互联网和实体产业的融合越来越广泛，知呱呱开始探索互联网＋的商业模式。传统的知识产权服务业注重线下服务，但是线下服务受地理区位的制约，服务提供商无法服务本地区之外的客户。互联网技术可以提供线上服务来打破空间的局限性，为各行业获得新的发展机会。此外，过去的知识产权行业存在信息不对称、不透明的问题。一些行业从业者经常利用信息差来"忽悠"客户，客户受到专利、商标价格不透明的影响，常常以远超过实际的价格购买专利或商标。

针对这样的问题，知呱呱从知识产权供给侧入手，建立了统一的知识产权服务流程和服务标准，制定了严格的质量标准控制体系。公司通过标准化服务使客户获益，而标准化服务也使公司在客户市场中树立了良好的口碑。在技术端，知呱呱通过互联网技术手段，实现了案件的智能化管理和案件进度信息的实时自动推送，极大地提高了知识产权的服务效率、服务能力和服务质量，与国际知识产权运营能力接轨，并将知识产权与科技成果转化结合起来，打通了知识产权服务、科技成果转化的服务链条。

在互联网的推动下，公司开始迅速发展，员工人数由数十人增加到现在的数百人。知呱呱自己也储备了众多的专利，开展专利交易的业务。

4. 战略发展创新

与知呱呱同一时期开始探索互联网模式的还有另外一家服务商。该服务商通过免费为客户注册专利来吸引客户。由于模式新颖、受客户追捧，该服务商成为专利市场的明星服务商，很快就获得了风险投资。知呱呱公司认为，该服务商的商业模式存在致命缺陷：通过替客户承担专利注册费用的方式来争取客户，希望快速获得市场份额，发挥规模经济的成本优势来击败其他服务商。这种免费注册专利的模式无法靠收取专利服务费盈利。该公司在后期没有探索出其他商业变现的方法，无法盈利使得服务质量得不到保障。

知呱呱吸取了失败者的教训，坚定了以质取胜、付费服务的经营理念。知呱呱每年会升级两次服务质量，同时上涨两次服务价格。这样既争取了客户，又增加了收入。知呱呱的行业知名度和行业地位大大提高，公司积累了众多忠实客户。原本对公司十分重要的销售工作逐步退出了工作中心，公司经营模式的重点由前端的市场销售转向后端的服务质量把控。同时，知呱呱在占领了中小企业的知识产权市场后，公司开始挖掘知识产权开销额巨大的大型企业。例如，大疆无人机和华为的产品种类多、技术迭代快，所以每年都有大额的知识产权开销。知呱呱深入调研大企业知识产权，努力提升自身的大客户服务能力，开始为大企业提供专利布局与保护等深层次的服务，由此升级为专利方案解决商。截至 2018 年年底，知呱呱在知识产权市场所占的份额排在全国前十。

Step3：练习与应用

1. 收集一份或几份完整的专利文件，即专利说明书和权利要求书等，最好选择与自己课题类似的领域，以学习研究。

2. 研究专利类型、申请程序，准备专利申请材料和联系专利代理等，尝试为自己的项目（如果已经初步完成）申请专利。

3. 找两个案例：一个是持续创新取得成功的案例；另一个是没有持续创新导致失败的案例。

Step4：总结与反思

1. 理论的一句话总结

持续创新是内生创业的本质特征，它远比一次性创新更重要。初创企业要做到持续创新，关键是进行综合创新。不管处于传统行业还是高科技行业，几乎任何产品设计都可以在极短的时间内被破解。一个新产品上市后，很快就会出现仿制品。反观历史中那些成功的企业，都是通过产品、市场和管理的持续创新，老产品的不断迭代和新产品的不断推出才保持经久不衰的。

2. 推荐延伸阅读的文章和书籍

（1）上海财经大学 500 强企业研究中心. 中国 500 强企业持续创新力研究［M］. 上海：上海财经大学出版社，2015.

（2）孙青春. 寻找增长的涌泉：企业可持续创新之路探索［M］. 北京：经济管理出版社，2012.

（3）哈格丹. 持续创新：第一次工业革命至今商业创新简史［M］. 龙少波，等译. 北京：人民邮电出版社，2016.

（4）达维拉，等. 持续创新的七条法则［M］. 刘勃，译. 北京：中国人民大学出版社，2012.

第三节

初创企业的内部创业

> **导 语**
>
> 如果 3M 公司的领导层没有给予研究人员弗赖伊内部创业途径来释放创造力,这个世界便不会有便利贴的存在。
>
> ——普利司通公司国际营销主席 罗伯特·希斯里奇

Step1：理论基础

1. 内部创业——内生创业的新模式

为了保持活力,企业需要不断创新,改善内部分配机制,同时激励你的伙伴和员工开拓事业。企业的内部创业是保持组织活力的一个好办法。

(1) 内部创业的定义。内部创业是由一些有创业意向的合伙人和员工为了验证创新成果,在企业授权和资源保证的支持下,承担某些业务内容或工作项目进行创业,并与企业分享成果的创业模式。这种方式不仅可以满足员工的发展愿望,同时也能激发内部创新活力,是一种员工和企业双赢的管理制度。可以用多种形式来实现这种内部创业。例如,把现有的经营部门分离出去成为独立的经营单位,建立一个企业内部的创业基金并提供孵化场所支持创业活动，创建新的部门以开发新产品或服务的活动等。可以把内部创业的形式分成以下三种类型：

1）企业主导的战略性内部创业。企业的决策者基于战略性的思考，推动组织内外之间的"类创业化"变革，包括企业或者项目的购并、创业投资、技术授权、合资等。

2）企业组织单元所推动的内部创业。如设立新事业部、创立子公司、设立创业投资基金、在企业内部成立创业投资机构等。

3）员工主导的内部创业。员工自发提出自创新事业，企业提供创业辅导基金及资源对接，以控股的方式加以控制等。

内部创业虽然因主导单位不同而产生不同形态，但都会对企业的经营发展产生影响与贡献。

（2）内部创业的类型。

1）验证新的产品或技术。企业内部人员可能会发现管理者或拥有者看不到的机会，毕竟他们才是市场一线的工作者。员工为了验证潜在的机会，追寻新的市场，可以向企业提出并准备发起各种类型的新事业部门。这对于创业者而言是很好的事情，因为内生创业到这一步才算真正进入了良性发展的轨道。这类内部创业活动是许多企业开发新事业领域的重要途径。

2）实验新的管理模式。在生产和管理的各个环节发生的创新管理也需要得到企业的重视。管理创新可能会带来新的资源组合方式，某个业务单元可能不符合整体企业的管理框架，需要改革现有的管理机制，引进新型管理实践活动，或者对现有管理过程进行重组。为了不影响其他业务的正常开展，可以鼓励这个模块创新性发挥作用，形成内部创业项目。

3）战略转型的探路尝试。当企业已经运行一段时间后，可能会意识到现有产业或行业组织发展遇到瓶颈，新思路可能会引起游戏规则的重大改变。这个时候需要对企业战略进行再认识，反思已建企业推动下的涉及企业战略思维、主导逻辑、经营理念、业务范围、竞争模式等全方位的改变和创新，包括重新定义企业使命、业务概念和经营模式、重组组织、革新企业文化、导入全系统的创新等。这是一种最复杂的内部创业活动，是对已建企业进行根本性的变革，等同于再次创业。为了降低试错成本，可以启发那些带来革命性改变的员工，以内部创业的形式，以独特的资源配置方式、独特的产品和技能以及新的竞争和业务模式为典型特征，打造一个新的模式。

2. 为什么选择内部创业

创业型企业之所以通过内部创业的方式来实现企业发展，主要因为小企业会遇到激烈的市场竞争、人才短缺、创业者任务繁重等问题，需要找到一个好的途径去解决。对于成熟企业而言，重新激活旧有人力资源价值，也是内部创业的一个动因。

（1）应对激烈竞争环境的需要。对于初创企业而言，只有变化才是不变的，这是创业精神的本质，也使成长中的初创企业感受到了前所未有的压力。宏观环境与市场变化之快超出了这些初创企业所能做出反应的速度。而内部创业正好为初创企业提供了一种机会，用于适应日益变动、竞争激烈的外部环境，是保证初创企业创造和保持竞争优势的重要手段。

（2）留住可能流失的优秀员工。初创企业由于资金有限，无法提供优厚的薪酬待遇招揽人才，何况那些愿意冒风险加入初创企业团队的合伙人或核心员工，真正看重的是能否满足其自我实现的需要。因此，为了吸引和留住优秀人才，成长中的初创企业应该给员工提供内部创业的机会，这既能通过创业活动推动企业自身的成长，又能满足员工的创业愿望，实现其个人价值。这是对他们最好的激励，也是留住人才的上策。

（3）利用内部创业提高创业效率。创业者分身乏术，即使把全部精力放在业务上也不能保证各项业务的顺利进行。因此，应充分释放企业内部的创新创业诉求，推动企业的核心业务多元化，对企业及其市场和产品进行变革，以开发和利用创造价值的创新机会，从而改善企业的竞争地位，增强企业的竞争优势，产生卓越的企业绩效。

（4）激活企业现存人力资源的创新潜力。随着企业发展成长，必然会积累一部分资深员工，特别是一些创业初期就加入团队的元老级员工。这时不得不面对人力资源管理的问题：资深员工一方面薪资水平较高，雇用成本较高，留给新员工的岗位机会少；另一方面，由于资深员工积累了较多工作经验而升迁路径较少，可能会产生工作怠惰、对新知识的反应不够灵敏等问题。通过鼓励内部创业，鼓励资深员工带队开展新业务的探索与经营，不仅可以给他们找到新的发展动力，也能促进年轻员工的迅速成长，从而稳定企业的新老交接和推动企业发展的顺利转型。

3. 怎样开展内部创业

企业要想成功地推进内部创业，首先要从战略高度来确立企业内部创业的地位。而要确立企业内部创业战略，就必须做好凝聚共识、发现机会、建立平台、对接资源、实际运作以及效果评估六个关键步骤，如图 7-1 所示。

图 7-1　内部创业步骤循环

（1）凝聚共识。企业内部创业的各个目标之间以及实现这些目标所需的项目之间保持一致。所以，企业的决策者应该使内部创业者从事创业活动时遵循一个方向，并能与企业的战略相结合。在企业内部没有达成共识之前就毫无征兆地宣布内部创业计划，只会引起员工及合伙人的质疑，或者质疑你的目的，或者质疑你的能力。内部创业归根结底要靠企业内部人员的创造才能，其创业行为则来自整个组织。因此，确立一个企业内部创业战略的第一步是建立企业发展所希望达到的创新愿景；第二，要反复论证该愿景是否具有足够的号召力；第三，创业者应当对企业内部创业的愿景进行概念化并向组织内的员工传达，让员工知道并理解这一愿景，形成企业员工对愿景的一致认可，之后才能激发起员工对未来的憧憬并为此而奋斗。

（2）发现机会。对于追求建立内部创业战略的企业而言，第二个步骤是发掘企业内部具有创业潜力的人才，鼓励和帮助这些员工发现创业机会。除了金钱回报，这些具有内部创业热情的员工可能更加看重成就感、地位、实现理想的机会、拥有自主性以及自由使用资源的权利。创业行为也不能只凭一腔热忱，创业者还必须有创意，并能提出具体可行的方案。美国的管理学者彼得·德鲁克（Peter F. Drucker）在他的著作

《创新与企业家精神》一书中提出七项创新机会的来源,包括出乎意料的事件或结果、不一致之处、流程需要、工业/市场结构中出乎意料的变化、人口状况、观念转变和新的知识。内部创业者由于是行业内的从业人员,因此其创新机会主要来自组织内的作业流程或组织外的关系网络,或利用工作中出现的意外事件来发掘创新点子。

(3)建立平台。决策者如果希望促进内部创业,需要构建有利于具有创新意识的人员发挥其全部潜能的平台。内部创业平台主要是制度建设,在明文规定中保证员工公平地享有内部创业的机会,保证员工具有一定的风险豁免权,以及获得合理激励的权利。有条件的企业可以考虑建立自己的内部孵化器。孵化器作为企业内部创业的重要机构之一,其在企业中地位的高低直接影响内部创业的积极性和存活率;并且其工作流程是否优化、是否对内部创业进行良好科学的监控等,都是引起内部创业成败的重要因素。另外,内部创业者也应该认识到自己要建立创业业务的关联,建立新事业机会与内部业务的关系。内部创业者必须在企业各个部门体系内发展各种关系,以利于获取能支持创新创业项目所需的资源。

(4)对接资源。发展内部创业战略的第四步是为有志于内部创业的团队对接内外资源。内部创业团队需要争取的创业资源有办公场地、技术、资金、人力及声誉等。一方面,需要意识到这些内部创业团队还比较弱小,新事业还在开创过程中,你应该是他们有影响力的坚强后盾,由你或者指定高层领导与其保持联系,协助获得所需资源,并排除创业过程中的企业内部阻力,使创业团队能够安然度过最艰辛的创业初始阶段;另一方面,作为企业的决策者,你当然有权力要求其承担创造价值的责任,你为内部创业团队提供的最关键的资源是你的品牌背书和上下游产业链关系,而非事无巨细都为其提供。毕竟内部创业团队是一种小型的、以半自主方式运作的产生和开发新创意的团体,一般具有自我导向、自我管理和高绩效的特征。这种团队有相对独立的预算,并拥有对主要方针做出决策的领导者,他应该为企业所对接的资源负有增值责任。

(5)实际运作。这一阶段是创业项目的实际运作阶段,类似于创业者创办了自己的初创企业。作为过来人,你可以作为导师帮助内部创业者先评估产业环境,凝聚好内部的愿景及目标,采取有利于自主发展的策略和一系列的经营战术,但不能取代他们或者给他们下达直接的命令。接下来内部创业者们要建立内部新事业与外部资源的连接,包括引进外部人才与技术,并与外部企业进行策略联盟,通过实现价值创造以完成对机会的开发。

（6）效果评估。在企业内部创业的一开始，你就要建立评估绩效准则。如果内部创业项目没有成功，可能会遭到分解，其资源由公司重新吸收。如果创业项目取得成功，那么企业可能会追加投资，其在正式的组织结构中的地位得以确立，在某些情况下，内部创业项目还可能从企业中分立出去，而成为一家完全独立自主的新企业，通过公开上市和转让股权实现资本的增值。总之，要根据每个内部创业项目的绩效反馈来对具体的项目进行处置，同时修正整体内部创业的策略，以求更好地发展，形成内部创业的良性循环。

4. 内部创业应避免的问题

（1）内部创业定位不清晰。缺乏对内部创业的清晰定位容易导致内部创业走向失败。没有任何共识基础和明文的制度安排，员工对决策层的想法不了解，将人量的精力放在揣摩领导想法之上。各个职能部门也不了解自己应该为内部创业提供何种程度的支持，组织架构、工作流程等无法与内部创业相匹配，无法为内部创业提供便利和支持。这样，内部创业终将陷入企业森严的管理当中，损失效率。

（2）企业决策者越位。作为企业的决策者和内部创业团队的有力支持者，其言行将对内部创业者产生巨大影响。内部创业必须保持相对独立性，任何形式将内部创业放置于企业现有公司中合并运营，都会不同程度地影响人员引进决定权、绩效激励机制的建立与完善。内部创业的机会本来就依赖于员工对外部市场、用户真实需求的敏感度和准确度。假如企业决策者亲自加入内部创业活动中，一旦内部创业者感觉自己被替代，身份角色就将回归到企业员工的定位，而不再以创业者的心态看待项目，内部创业就失去了存在的意义。

（3）资源承诺不到位。首先，内部资金不到位、协同不顺利、缺乏技术创新、缺乏对外部渠道的甄选等一系列资源问题都会不同程度地直接影响内部创业进度。而导致这些资源问题的根本原因在于企业缺乏驱动机制，包括资源配套效率低、缺乏上层领导支持等。这些都最终使内部创业逐渐走向失败。

（4）缺乏容错机制。对于员工来说，是否愿意开展内部创业的最主要顾虑就是风险。创业是风险较大的一种探索行为，企业管理层在制定内部创业政策时，如果不能容忍创业者犯错，给予创业者的薪酬太低，而创业失败又将面临过重的惩罚，如降职降薪甚至辞退，那么员工宁愿选择保守消沉也不会选择内部创业。

Step2：案例分析

亿欧公司的内部创业

1. 企业基本情况

亿欧公司是由黄渊普及其联合创始人王彬、张佳伟等人于2014年成立的一家信息咨询公司。亿欧公司致力于推动新科技、新理念、新政策引入实体经济，是一家科技与产业创新服务的平台公司。亿欧公司目前的产品模块包括：科技与产业创新信息服务平台"亿欧网"、科技与产业创新研究院"亿欧智库"、科技与产业创新人物短视频项目"亿欧视也"、科技与产业创新活动平台"亿欧会议"、科技与产业创新成长平台"亿欧产业创新学院"、产业升级一站式企业服务精选平台"亿欧企服盒子"、科技与产业创新升级外脑平台"亿欧天窗"。亿欧网于2014年2月上线，6月获得盈动资本的天使轮融资；2015年6月获得国内顶级VC高榕资本领投的A轮融资；2016年3月获得由知名母基金盛景网联领投、高榕资本跟投的数千万元A+轮融资；2018年4月获得由Star VC领投的6400万元B轮融资。

2. 企业发展历程

亿欧公司的业务模式进行了数次调整。2014年成立之初，公司的定位是一家关于O2O内容的媒体平台。随着移动互联网与产业的融合越来越深，O2O行业的模式也随之发生变化，产业互联网情境下对实体企业的重视越来越明显。在这样的情况下，公司将媒体资源定位为实体经济加互联网，公司的口号也改成了"产业创新服务平台"。2016年，亿欧公司正式组建了研究团队，开始挖掘公司累积发布文章的相关信息。

2016年年底，亿欧公司预判人工智能的应用条件已经具备，着手进入开展人工智能的细分行业分析，这也成为亿欧网内部创业的契机。在谈及这段发展历程时，亿欧总裁王彬以医疗行业举例。他说，中国医疗行业大概有32000家医院，用了人工智能（AI）医学影像的仅有400家左右，大概有31600家医院还是AI应用的处女地，这个市场是值得公司去开垦的。而亿欧公司的价值，就是研究分析人工智能与细分产业如何结合，如何将智能技术更好地推广到传统行业。王彬认为，随着研究成果不断积累、技术参数库不断丰富，公司可以对标麦肯锡的发展，打造我国的战略咨询公司标准。

3. 选择内部创业的原因

随着亿欧公司的发展，企业内部已经拥有190名员工。如何最大限度地发挥员工人力资源价值的问题，摆在了亿欧决策层的面前。经过对比分析，亿欧公司决定逐步采用内部创业的方式解决发展的问题。

从企业内部特点而言，内部创业比较契合亿欧公司的用人模式。首先，人力资源的调配在亿欧公司内部非常灵活。亿欧公司的合伙人采用投票方式产生。目前公司一共有10位合伙人，其产生方式是由竞选合伙人的被选者陈述工作方案，公司现有合伙人投票选出合伙人。合伙人背负必要的KPI，同时具有相对较大的工作独立性。这种竞争合伙机制保证了公司选出的执行合伙人一定是业绩突出的人，有利于保证公司核心管理层突出的业务能力。问题在于合伙人目前没有完善的退出机制，合伙人的数量在未来可能越来越多。公司也认识到了这个问题，正在想办法解决。

其次，事业部独立性相对较强且具有获得企业人力支持的优先权。例如，项目部门举办一场沙龙，公司可以为部门配2个人；论坛规模如果达到300～500人，公司就给部门配4个人；如果部门提出要举办一场峰会，公司就给部门配10个人。当这个部门可以独立运营行业峰会的时候，其独立运营的价值就开始凸显，内部创业的条件也就基本具备了。

最后，亿欧公司的员工采用轮岗制进行培育，可以保障准备内部创业的员工有足够的跨部门复合型工作经验。目前，亿欧公司规定，员工晋升一级之前必须完成两次轮岗，每年考评成绩前20%的人的可以轮岗，70%的人留在原岗位进行继续锻炼，最后的10%末位淘汰。王彬自己先是负责技术，后来轮岗到政府关系，之后又分管了一段时间的销售部门。王彬认为，这种轮岗在某种程度上也是创业公司管理水平不够的表现：公司没有管好员工，没有处理好纠纷，没有协调好各部门的关系，所以就用轮岗制度来解决。但通过轮岗，人才发展的全面性得到提升，公司经过合议之后还是愿意承担这种成本。

4. 内部创业的模式

亿欧内部创业采用业务板块独立运作的模式，发展迅速的业务可以提出拆分，独立运作独立融资。目前投资市场整体持续谨慎，发展至成长期的创业公司投资需求体量较大，资本对业务型公司的支持乏力，更加偏向于垂直领域的投资。而亿欧公司细分领域的品牌做得很深，甚至对亿欧公司缺乏了解的行业公司往往会以为亿欧公司是其所在细分市场的信息平台。这本身就是亿欧公司各版块内部创业的良好背书。

以汽车行业举例，在内部创业之前，亿欧汽车板块就在汽车行业有较高的品牌效应。以至于亿欧公司在上海宣布亿欧汽车将启动独立融资消息时，有大型汽车企业高管询问：汽车独立融资什么意思？亿欧不就是一个汽车的独立平台吗？在这样的品牌背景下，亿欧汽车内部创业水到渠成。

但是，不同业务模块采用的内部创业路径也会有所不同。汽车板块的独立运作模式更加偏向"To C"的方式，汽车板块做的新能源车测评业务就和母体偏重于行业企业的业务模式不一致。而汽车行业品牌宣传投放额巨大，一年估计在 100 亿元左右，因此，汽车板块的业绩低于 1 亿元就是不成功的。对于汽车板块而言，业绩表现就是现阶段其内部创业成功与否的重要标志。而医疗板块又是另一个模式。在"AI + 医疗"模式刚刚起步的情况下，医疗团队自我迭代摸索的过程是难以省略的。公司要做的就是给予其充分支持，做好必要的监管即可。能否跑通一个模式，对于业绩表现而言更加重要。原来的业务板块一旦独立运作，其发展方向很可能与母公司不同，甚至背道而驰，遇到这种情况，母公司在做好监管的前提下，应给予内部创业项目自由发展的空间。

5. 内部创业的效果

2018 年 11 月，亿欧公司设立了旗下首家独立子公司"亿欧汽车"，并宣布完成了由中骏资本、星瀚资本投资的天使轮风险融资，杨永平出任"亿欧汽车"总裁。

在汽车板块独立发展之初，亿欧公司决策层对其发展模式也有过争议。有股东提议可以将业务的利润去做分红，独立核算，没有必要独立运作一个内部创业项目。但最终决策层认为，基于长期发展的考虑，员工更加信任拥有分公司的股权。亿欧公司内部创业的股权设计如下：内部创业团队占股 30%，分 5 年分配，第一年先给 10%，剩下的 20% 在接下来的 4 年里，每年分配 5%。这种模式相当于内部的对赌协议，要求内部创业团队完成相应的业绩目标。外部资本占 30% 左右的股份。因此，最后的股权架构为内部创业团队占 30%~40%，亿欧公司占 30%，VC 占 30%。这种结构兼顾了母体公司、内部创业团队和投资方三方的利益，能够最大限度地激发各方的积极性，调动各方的资源支持。

截至 2019 年 2 月，亿欧汽车板块有 16 人的团队，运营了 1 个季度，各项指标良好。内部创业之后，原来的员工成为合伙人，亿欧汽车团队工作的积极性也有了明显改善。这种模式也驱动亿欧公司内部其他板块的业务单元往行业标杆的方向去做，极大地提高了亿欧公司整体的战斗力。

6. 内部创业的挑战

亿欧公司有 10 家股东机构，因此公司决策层做了大量关于内部创业的沟通。亿欧总公司要在独立团队中占多少股份，团队要占多少股份，以及团队需要哪些投资机构注资，这 3 个问题都要一一与 10 家机构沟通协调，现在还没有全部谈完。在复杂的股权结构环境下，沟通成本极高。如果有股东否决内部创业形式，业务部门独立发展之路就难以实现。这将是未来亿欧公司内部创业发展的制度性障碍，考验着这家创业公司的管理智慧。

Step3：练习与应用

内部创业测试

现在做一个测试，以下这些题目请你邀请一位熟识的朋友与你一起作答。你要与这位朋友对你做个评价，每一个题目满分 5 分，1 分代表与你最不相符，5 分代表与你非常相符。在答题当中你们互不干涉，也不互相参考答案，你和他打出的两个分数的平均分就是你这道题的最终得分。这 8 个题目的得分越高，表示你越可能具备内部创业的潜质。

特别提醒，假如你和你朋友的打分在某个选项上差距甚大，例如你打了 5 分而朋友却打了 1 分，你就需要认真思考一下为何会出现这样大的认知差异，与你的朋友好好聊一聊，看看问题出在哪里。

题目	自评分	他评分
1. 能够花大量时间考虑怎样使工作的各个方面进展得更加顺利		
2. 提议某项改变时，经常得到积极的反馈		
3. 即使某个项目看起来可能失败，也会坚持推进		
4. 想到或者和别人谈起正在进行的工作或项目时很兴奋		
5. 在家里、实验室、教室、办公室或者外出游玩时，经常能想出更好的办法来解决各类问题		

（续）

题目	自评分	他评分
6. 能描绘出具体步骤，把设想转化为现实		
7. 如果成功意味着迟早有回报，愿意牺牲一些个人时间或者金钱来验证实践新的想法		
8. 经常比较老板或者导师做事的方式，会设想假如是自己遇到这样的情况可能采取的方式有哪些		

（资料来源：改编自吉福德·平肖的《激活创新——内部创业在行动》）

Step4：总结与反思

1. 理论的一句话总结

内部创业是由一些有创业意向的合伙人及员工为了验证创新成果，在企业授权和资源保证的支持下承担某些业务内容或工作项目进行创业，并与企业分享成果的创业模式。

内部创业可以帮助你在创业初期就规划好如何应对激烈竞争，留住可能流失的优秀员工，利用内部创业提高创业效率，激活企业现存人力资源的创新潜力。

内部创业有凝聚共识、发现机会、建立平台、对接资源、实际运作以及效果评估等6个关键步骤。

2. 推荐延伸阅读的文章和书籍

（1）平肖，佩尔曼. 激活创新——内部创业在行动［M］. 郑奇峰，于慧玲，译. 北京：中国财政经济出版社，2006.

（2）希斯里奇，卡尼. 公司内部创业［M］. 董正英，译. 北京：中国人民大学出版社，2018.

（3）王一鑫. 内部创业失败研究——以H旅游集团W创业项目为例［D］. 硕士学位论文. 北京：北京第二外国语学院，2014.

（4）孙继平. 企业内部创业研究［D］. 硕士学位论文. 长春：吉林大学，2004.

参考文献

[1] 加德. TRIZ：众创思维与技法［M］. 罗德明，等译. 北京：国防工业出版社，2015.

[2] 张凌燕. 设计思维：右脑时代必备创新思考力［M］. 北京：人民邮电出版社，2015.

[3] 檀润华. TRIZ及应用：技术创新过程与方法［M］. 北京：高等教育出版社，2010.

[4] 李善友. 颠覆式创新：移动互联网时代生存法则［M］. 北京：机械工业出版社，2014.

[5] 陈光. 创新思维与方法：TRIZ的理论与应用［M］. 北京：科学出版社，2011.

[6] 哈奇. 创客运动：互联网+与工业4.0时代的创新法则［M］. 杨宁，译. 北京：机械工业出版社，2015.

[7] 王滨. 创新思维与人生智慧［M］. 上海：上海科学普及出版社，2015.

[8] 王竹立. 你没听过的创新思维课［M］. 北京：电子工业出版社，2015.

[9] 德博诺. 创新思维训练游戏［M］. 宗玲，译. 北京：中信出版社，2009.